NCS 기반

남성헤어커트 & 스타일링

메디시인

머 리 말

인간은 자신의 신체를 통해서 아름다움을 추구하고 그 속에서 삶의 행복을 느끼며 살아갑니다. 이러한 삶의 심리는 뷰티산업 발전과 인간의 욕구를 충족하는 매우 중요한 역할을 합니다. 최근 남성 헤어 커트는 현대 트렌드에 맞게 빠르게 변화하고 있으며, 특히 SNS(Social Network Services) 발달로 아름다움을 추구하는 인간의 심리와 외모 변화에 큰 영향을 미치고 있습니다.

이에 이 책은 산업현장에서 성공적이고 효율적인 기술 및 학습교육의 표준화를 이루어낸 국가직무능력표준(NCS, National Competency Standards)을 기반으로 응용하였으며, 남성 헤어 커트를 처음 접하는 모든 사람들에게 유용하게 활용될 것입니다.

또한 실무를 배우고자 미용학원 및 뷰티관련 학교, 문화센터, 미용봉사, 미용에 입문하는 분들에게 조금이나마 보탬이 되고자 이론과 실기에 대한 기초적인 내용을 알기 쉽게 준비하였습니다.

본 교재는 아래와 같이 6개 Chapter로 구성하였습니다

Chapter 1. 남성 헤어 커트의 개념 및 변천사

Chapter 2. 남성 헤어 커트의 기초 이론

Chapter 3. 스타일링 도구 종류 및 사용 방법

Chapter 4. 스타일의 구성 방법

Chapter 5. 연령에 따른 디자인 커트 및 연출 방법

Chapter 6. 개성있는 트렌드 커트 등을 쉽게 따라할 수 있도록 실습사진을 수록하였습니다.

남성 헤어 커트의 기본 이해부터 남성 헤어 스타일링까지 다양한 이론과 실습을 습득함으로써 산업현장에서 인정받을 수 있는 지침서가 되도록 하는 것이 이 책의 목표입니다.

교재를 알기 쉽게 축소하다 보니 조금은 부족하고 아쉬운 부분이 있지만 앞으로 끊임없이 보완하고 수정해 나갈 것을 약속드리며, 이 책이 미용 분야 발전에 기여하기를 바랍니다.

끝으로 본서가 출간될 수 있도록 참여해 주신 모델분들과 도움을 주신 많은 선생님들, 그리고 편집디자인과 출판하기 위해 지원해 주신 (주)지구문화/메디시언 임직원들에게 깊은 감사를 드립니다.

경자년 새 봄

필자 대표 채선숙

차례

차례

Chapter 1

남성 헤어 커트의 개념 및 스타일 변천사

1. 남성 헤어 커트의 개념
2. 남성 헤어 스타일의 변천사

1. 남성 헤어 커트의 개념 및 스타일 변천사

학습 목표

- 남성 헤어 커트의 개념을 설명할 수 있다.
- 남성 헤어 스타일의 변천사에 대해 파악할 수 있다.

1. 남성 헤어 커트의 개념

1. 남성 헤어 커트의 개념 및 자세

모발의 길이 변화와 층의 변화를 주어 모양의 형태, 길이, 질감, 방향 등의 여러 요소들을 이용하여 헤어스타일을 만들어 주는 것을 말한다. 또한 질감 처리 시 길이가 너무 잘라지는 것을 방지하고 시술을 용이하고 편하게 손질하기 위해서 질감 처리를 먼저 하는 경우가 있다.

남성 헤어 커트의 종류에는 상고머리인 중년 커트, 청소년 커트, 스포츠머리 등이 있으며 트랜드 커트는 현재 연예인들이 많이 하고 있는 투블럭 커트, 모히칸 커트, 울프 커트, 댄디 커트, 휴 커트(쉼표 커트) 등 다양한 커트가 있다.

① 이용(이발) 이란 복식이외의 여러 가지 용모에 물리적, 화학적 기교를 행하여 미적 아름다움을 추구하는 수단이라고 할 수 있다.

② 이용업이란 손님의 머리카락 또는 수염 등을 깎거나 다듬는 방법 등으로 손님의 용모를 단정하게 하는 영업을 말한다.

③ 남성 헤어 커트를 하기 위해서는 미적 감각을 위한 다양한 문화와 예술들을 이해하고 깊은 관심을 가져야 한다.

④ 이용사의 자세는 서비스업인 만큼 항상 친절하고 고객의 의견과 심리를 존중하고 구강위생을 철저히 유지한다. 또한 기술적인 면에서도 끊임없이 연구 개발해야 한다.

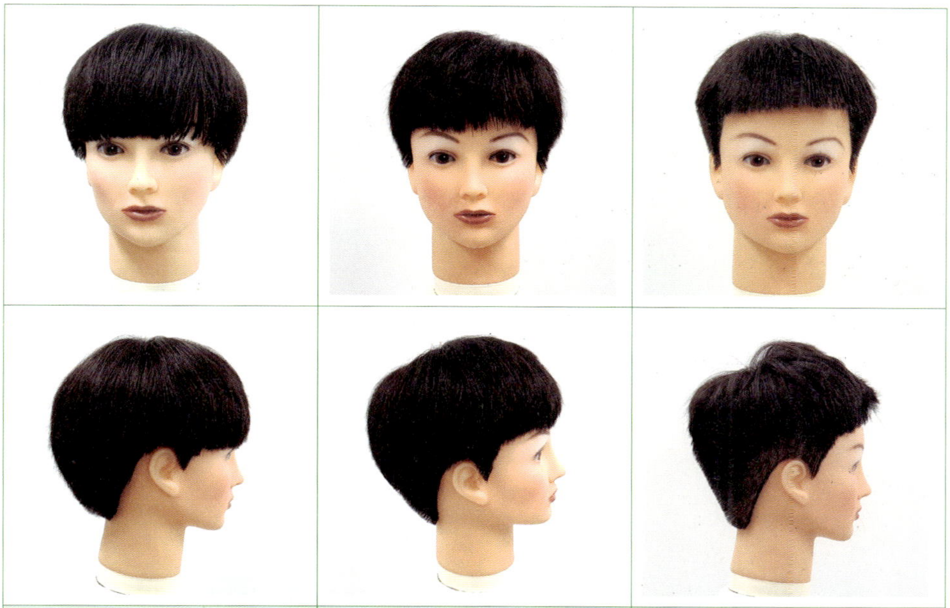

60~70대 낮은 상고 | 40~50대 중간 상고 | 20~30대 높은 상고

2. 남성 헤어 스타일의 변천사

우리의 모발에는 다양한 기능이 있다. 첫째, 신체 보호의 기능을 한다. 모발은 외부의 자극으로 인한 충격을 완화하여 뇌를 보호하며, 태양광선에서 으는 자극을 보호한다.

둘째, 모발을 활용한 다양한 스타일을 통해 아름다움과 개성을 표현할 수 있는 장식의 기능을 가지고 있다.

셋째, 모발은 혈액순환에 의해 영양분으로 성장하기 때문에 혈액 내에 있던 유해한 성분들이 모발을 통해 체외로 배출하는 배출기능을 한다.

넷째, "신체발부 수지부모(身體髮膚樹脂父母)" 라 하여 전통적으로 소중하게 여겨져 왔으며 효의 기능을 갖는다.

다섯째, 직업, 지위, 계급, 신분, 혼인의 유무 확인 기능을 갖는다.

1. 도입기의 헤어스타일

19세기 말 ~ 1900년대 갑오개혁과 을사보호조약으로 서양 문물 도입, 문화 산업 등에서 근대화 정책 추진, 신분제도 폐지, 자율적 패션보다 제도적 개혁의 패션의 발달로 땋은 머리와 상투 머리, 하이칼라 머리가 공존한 시기였다.

언론 및 잡지에는 기성복과 모자 광고가 많았고 격식을 갖추어 입기 위해 하이칼라 스타일이 더욱 발달된 시기라고 말하고 있다.

① **상투 머리** : 머리카락을 모두 올려 빗어 정수리 위에서 틀어 감아 맨 머리 모양으로 성인이 된 하나의 표징으로 혼인을 한 남자의 전통적인 머리 모양이다.

② **하이칼라 머리**: 단발령으로 생겨난 직업이 하이칼라 장사(이발소)였다. 하이칼라 머리와 함께 모자 상점도 발달되었다.

2. 정립기의 헤어스타일

정립기는 1930년부터 1970년까지로서 2차 세계대전과 6.25 전쟁의 영향으로 파괴와 침체기였으나, 경제 개발 계획으로 인해 생활이 차츰 안정되는 시기였다. 전쟁의 영향으로 인해 삭발 스타일과 하이칼라 스타일이 유행하였으며 일부 장발과 웨이브 스타일도 등장하였다.

또한 이발소, 미용업 종사자가 증가하였고, 이·미용이 대중화되는 시기라고 할 수 있으며 국민복 풍의 양복이 등장하였다.

① **하이칼라 스타일**: 가르마를 한 스타일과 가르마 없이 뒤로 완전히 빗어 넘기는 올백스타일이다.

② **상고 스타일**: 청소년에서 중년 남성들이 주로하는 기본적인 스타일로 양옆과 뒤를 클리퍼로 올려 깎고 윗머리가 5~10㎝ 정도가 되도록 커트한 스타일이다.

③ **비달사순 스타일**: 각도에 의하여 기하학적인 새로운 스타일로 조형적인 아름다움을 살린 커트이다.

포마트 스타일	올백 스타일	하이칼라 스타일

3. 발전기의 헤어스타일

발전기는 1970년대 이후부터 현재까지로서 다양한 스타일로 세분화되고 유행보다는 개성을 살리는 스타일을 선호한 시기로 이발소가 점점 쇠퇴하였다. 더불어 국제적인 무대에 발판을 마련하여 미용 산업이 발전하고 이발소와 미용실의 중간 형태인 남성 전용 미용실 발전하였다.

1982년 교복 자율화로 남학생의 삭발머리와 여학생의 단발이 풀렸으며 그 이후 현재까지 닭 벼슬머리와 퍼머넌트 스타일, 힙합 스타일, 댄디 커트의 대표적인 현빈 스타일, 투블럭 등 다양한 스타일이 등장하고 있는 추세이다.

평가표

학습 내용	학습 목표	학생 평가			교수 평가		
		상	중	하	상	중	하
남성 헤어 커트의 개념	남성 커트의 개념을 이해할 수 있다.						
	이용사의 자세에 대해 이해할 수 있다.						
남성 헤어 스타일의 변천사	도입기의 헤어스타일을 알 수 있다.						
	정립기의 헤어스타일을 알 수 있다.						
	발전기의 헤어스타일을 알 수 있다.						

서술형 시험

학습 내용	학습 목표	성취 수준		
		상	중	하
남성 헤어 커트의 개념	남성 커트의 개념에 대한 지식			
	이용사의 자세에 대한 이해와 지식			
남성 헤어 스타일의 변천사	도입기의 헤어스타일의 이해			
	정립기의 헤어스타일의 이해			
	발전기의 헤어스타일의 이해			

[과제] 남성 스타일의 변천사를 정리해 보자

Memo

Chapter 2

남성 헤어 커트의 기초이론

1. 두상의 명칭과 라인의 분석
2. 각도
3. 베이스
4. 커트 방법 및 이론
5. 기본 커트의 형태
6. 기본 커트 시술과정

2. 남성 헤어 커트의 기초이론

학습 목표

- 두상의 포인트를 알 수 있다.
- 두상의 7라인을 이해하고 블로킹과 라인 분석을 이해할 수 있다.
- 커트 시술 시 각도, 베이스를 이해할 수 있다.
- 커트 방법과 이론을 이해할 수 있다.
- 커트의 형태를 이해하고 솔리드형 커트와 그래쥬에이션 커트를 완성할 수 있다.

1. 두상의 명칭과 라인의 분석

1. 두상의 포인트

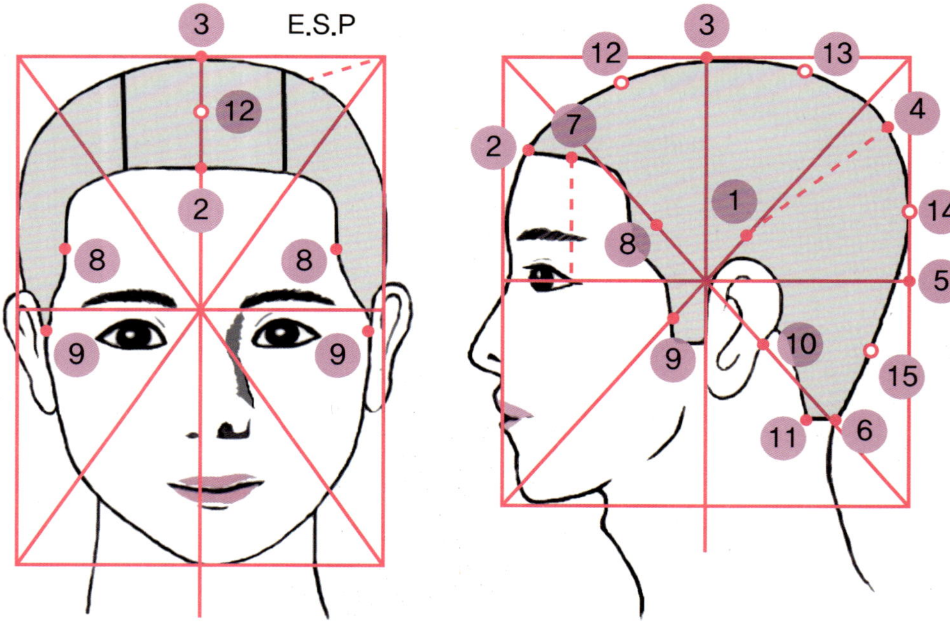

번호	기호	명칭
1	E.P	이어포인트(ear point)
2	C.P	센터포인트(center point)
3	T.P	탑 포인트(top point)
4	G.P	골덴포인트(golden point)
5	B.P	백 포인트(back point)
6	N.P	네이프 포인트(nape point)
7	F.S.P	프론트 사이드 포인트(front side point)
8	S.P	사이드 포인트(side point)
9	S.C.P	사이드 코너 포인트(side corner point)
10	E.B.P	이어 백 포인트(ear back point)
11	N.S.P	네이프 사이드 포인트(nape side point)
12	C.T.M.P	센터 탑 미디움 포인트(center top medium point)
13	T.G.M.P	탑 골덴 미디움 포인트(top golden medium point)
14	G.B.M.P	골덴 백 미디움 포인트(golden back medium point)
15	B.N.M.P	백 네이프 미디움 포인트(back nape medium point)

2. 두상의 라인과 블로킹

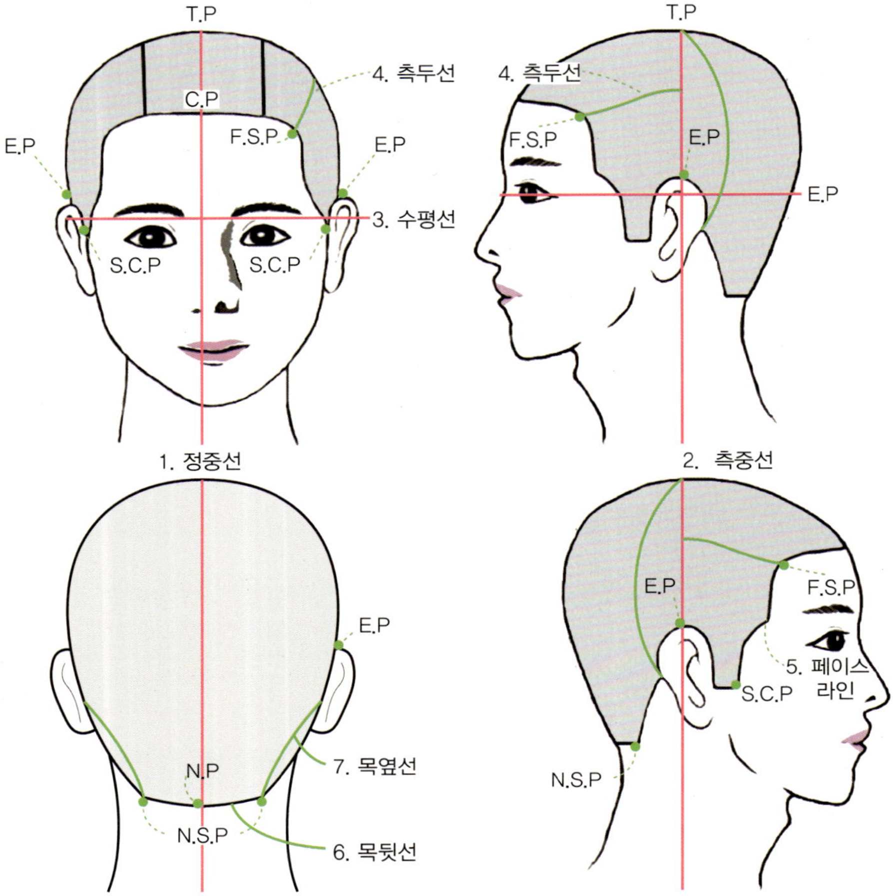

두상의 7라인의 이해		
번호	명칭	라인 설명
1	정중선	C.P에서 T.P를 연결한 수직으로 두른 선
2	측중선	E.P에서 T.P를 연결한 수직으로 두른 선
3	수평선	E.P와 E.P를 연결한 수평으로 두른 선
4	측두선	F.S.P에서 측중선까지 연결한 선
5	페이스 라인	S.C.P에서 S.C.P를 연결해서 전면부를 연결한 선
6	목 뒷선	N.S.P에서 N.S.P를 연결한 선
7	목 옆선	E.P에서 N.S.P 를 연결한 선

(1) 라인 분석

① **호리존탈** : 자연에 대해서 평행한 라인수평선

② **A라인 다이애거널 포워드** : 얼굴에서 앞쪽으로 길어지는 대각선전대각

③ **V라인 다이애거널 백** : 얼굴에서 뒤쪽으로 길어지는 대각선후대각

④ **버티컬** : 자연에 대해서 수직인 라인수직선

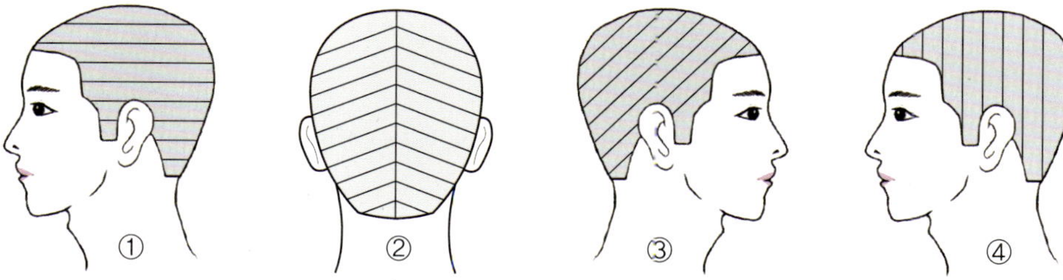

(2) 블로킹Blocking의 이해

블로킹이란 정확하고 편리하게 헤어 커트를 하기 위해 두상의 영역을 나누는 것이다.

4등분 블로킹은 정중선과 측중선을 나누는 것을 의미한다. 이렇게 4등분 블로킹이 된 두상에 앞머리 영역을 구분하면 5등분 블로킹이 되며 이는 커트 디자인에 따라 다양한 블로킹을 사용할 수 있다.

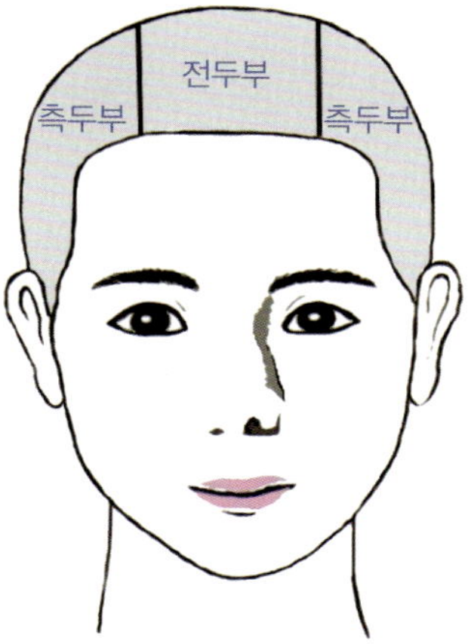

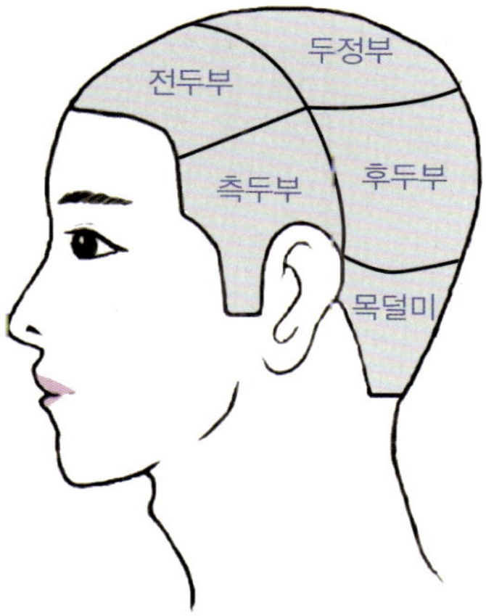

2. 각도

헤어 커트를 할 때 두상에서 올려지거나 내려진 상태로 자르는 각도를 말한다. 헤어 커트에서의 각도는 층의 높낮이를 만들어 준다. 낮은 각도의 경우에는 양감을 만들어서 무게감, 볼륨감, 입체감을 결정하고 높은 각도의 경우에는 양감이 없어지며 가벼워진다. 헤어 커트에서 시술 각도는 헤어 커트 디자인의 형태를 결정하고 변화시키는 중요한 요소이다.

시술 각도는 자연 시술 각도와 두상 시술 각도로 구분한다. 자연 시술 각도는 천축을 기준으로 하여 두상의 둥근 상태를 무시하고 수평면과 수직면을 활용하여 두상을 면의 상태로 놓고 시술 각도를 측정한다. 두상 시술 각도는 두상의 둥근 상태를 이해하고 받아들여 헤어 커트를 하는 지점의 베이스 접점에서 시술 각도를 측정한다.

시술 각도의 종류		특징
자연 시술 각도	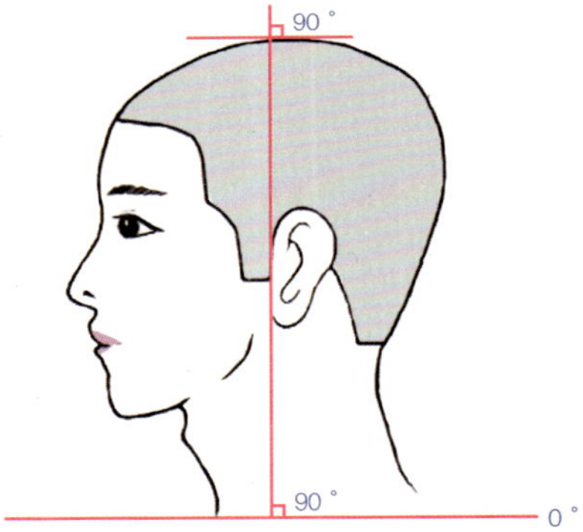	• 중력에 의해 모발이 자연스럽게 떨어지는 0°가 기준 각도 • 천축을 기준으로 한 각도 • 면에 의한 각도
두상 시술 각도	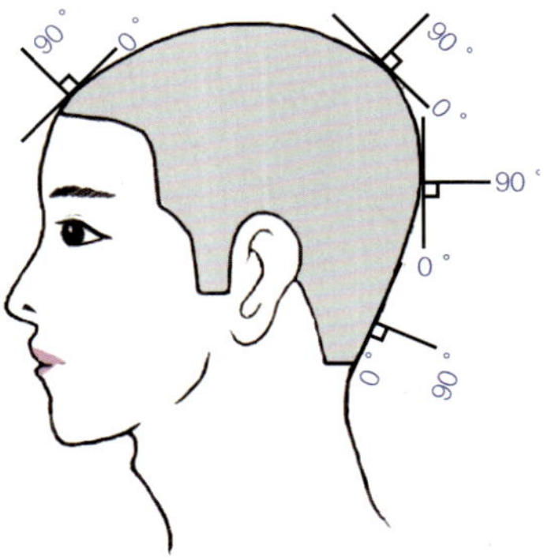	• 모발을 두상에서 들어 올려 펼쳐 빗었을 때 나타나는 각도 • 베이스의 모발을 빗어 잡았을 때 두상의 둥근 접점을 기준으로 한 각도

3. 베이스

헤어 커트를 위해 잡은 모발 다발의 모양을 말한다. 선택한 베이스의 종류에 따라 모발 길이와 형태 및 형태 선의 변화에 영향을 주며, 헤어 커트에서 가장 기본이면서 커트 스타일의 실루엣에 결정적인 역할을 한다.

1. 세로로 커트하는 경우

(1) 온 더 베이스

커트를 할 때 좌, 우 동일한 길이로 커트할 때 사용되는 기법이다.

패널의 중심이 90도가 되도록 모아 커트한다.

베이스의 폭은 2~3cm가 적당하며 베이스의 폭이 너무 넓으면 길이의 차이가 많아 코너가 생기기 쉽다.

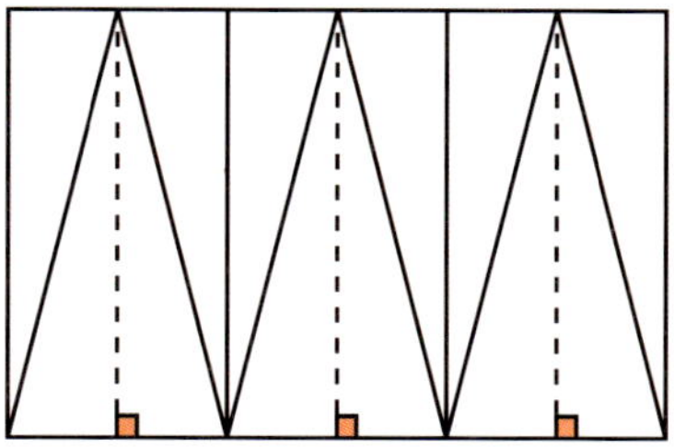

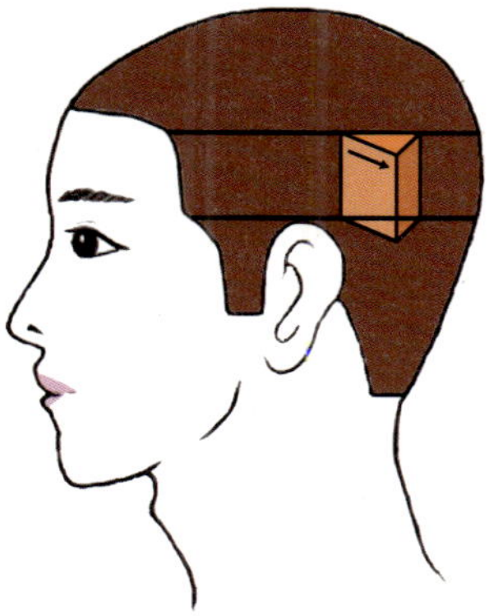

(2) 사이드 베이스

헤어 커트를 하려고 패널을 잡았을 때 한쪽 면이 90도(직각)가 되도록 모아 잡는 기법이다.

베이스가 오른쪽 면 또는 왼쪽 면으로 치우치므로 모발의 길이가 점점 길게 또는 점점 짧게 된다.

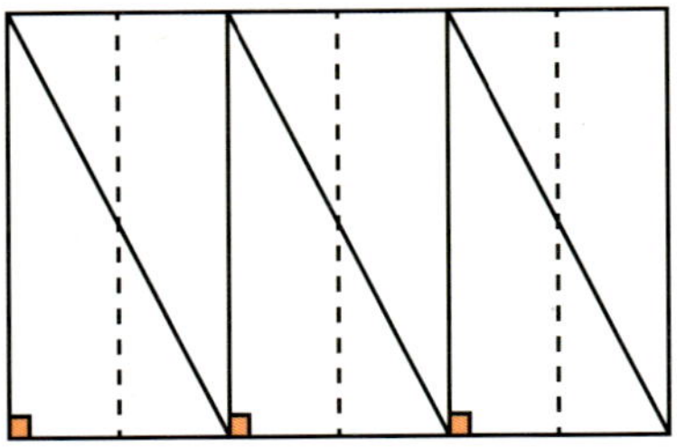

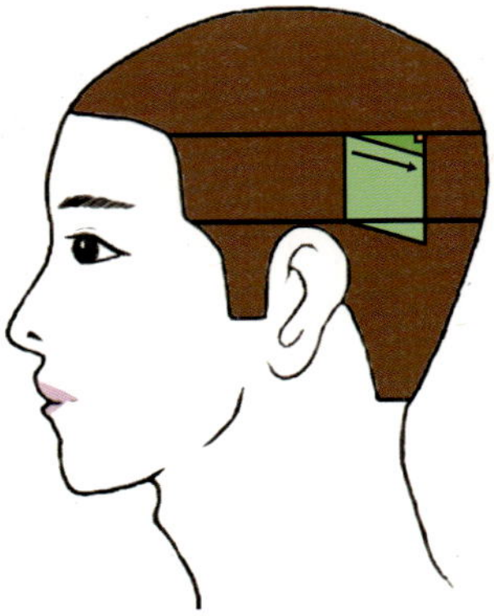

(3) 오프 더 베이스

패널이 베이스를 90도 이상으로 벗어나 밖으로 나가는 것을 말한다.

베이스 밖으로 얼마만큼 당기느냐에 따라 한쪽 모발의 길이가 길어지고 짧아지는 차이가 생긴다.

헤어 커트 시 급격한 모발 스타일의 변화가 필요할 때 사용한다.

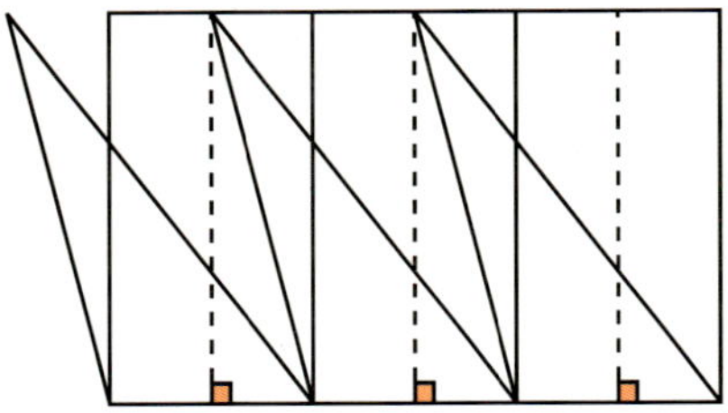

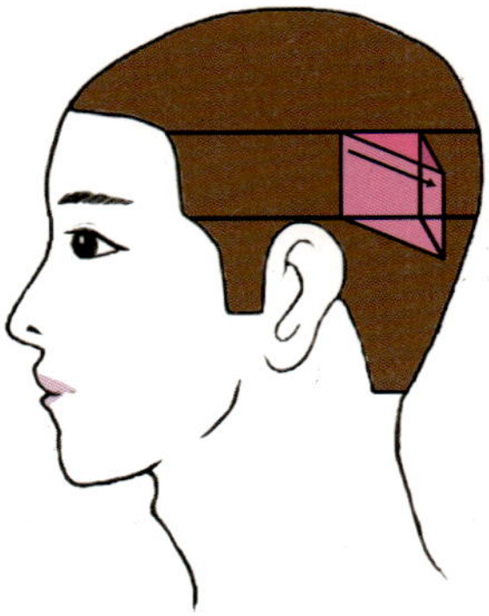

(4) 프리 베이스

온 더 베이스와 사이드 베이스 사이의 중간 베이스로 모발 길이가 두상에서 자연스럽게 길어지거나 짧아지는 효과가 있다.

사이드 베이스와 비슷한 효과가 있으나, 사이드 베이스에 비해 완만하고 부드러운 변화를 만들 수 있다.

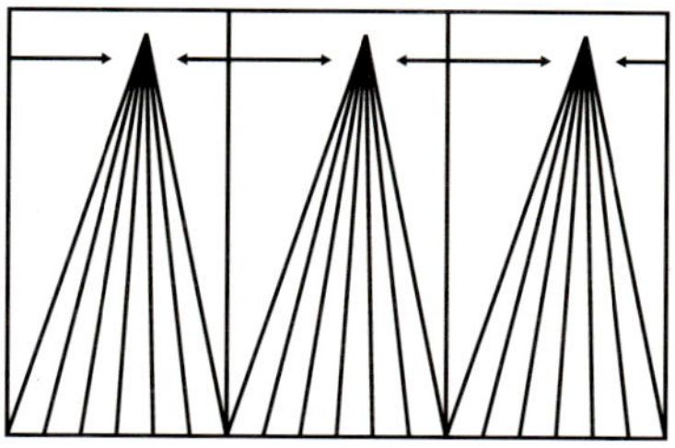 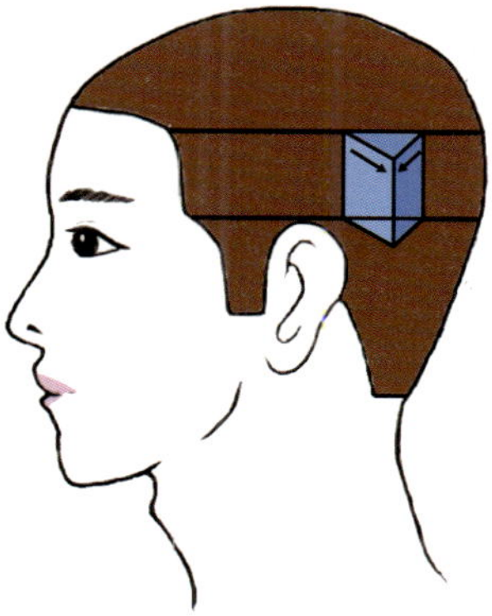

2. 가로로 커트하는 경우

가로는 수평 또는 평행이라고도 하며 베이스의 구분은 온 더 베이스, 업 사이드 베이스, 다운 사이드 베이스, 업 오프 더 베이스, 다운 오프 더 베이스로 구분한다.

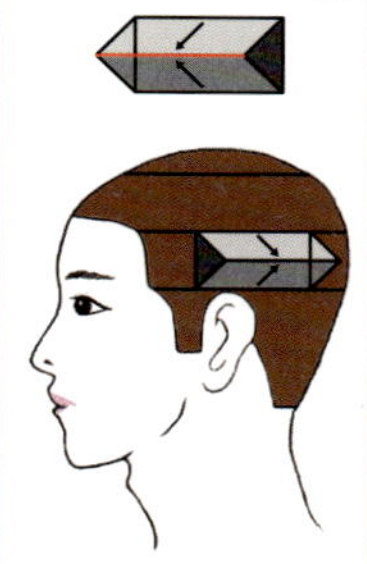	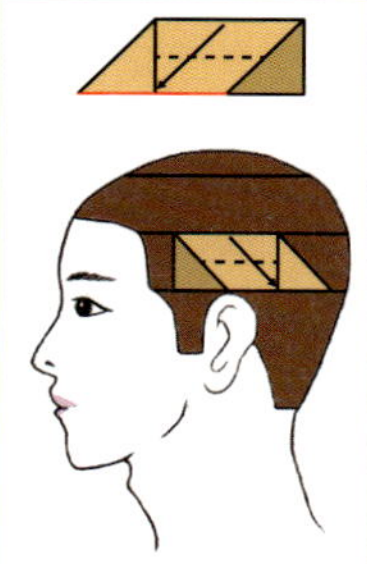	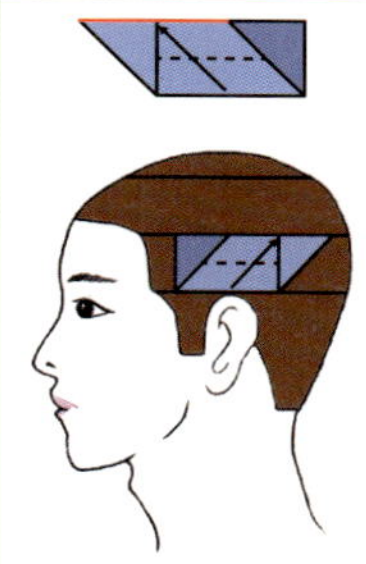	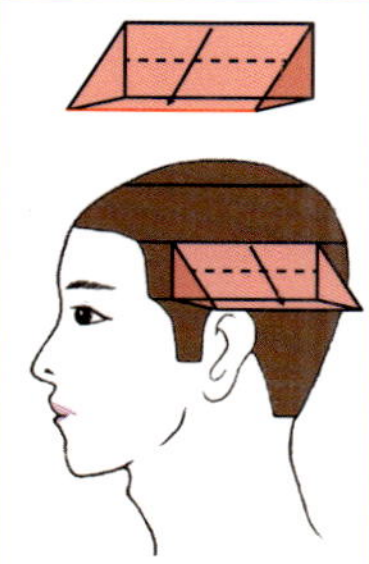	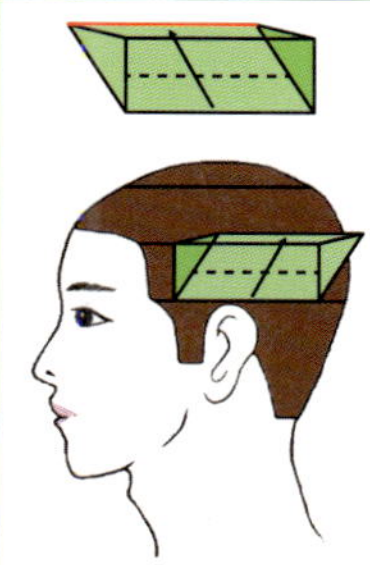
온 더 베이스	다운 베이스	업 베이스	다운 오프 더 베이스	업 오프 더 베이스

3. 사선으로 커트하는 경우

사선으로 커트하는 경우에는 앞쪽으로 갈수록 길어지는 전대각 사선과 뒤쪽으로 길어지는 후대각 사선이 있다.

베이스의 구분은 온 더 베이스, 업 사이드 베이스, 다운 사이드 베이스, 업 오프 더 베이스, 다운 오프 더 베이스로 구분한다.

(1) 전대각 사선

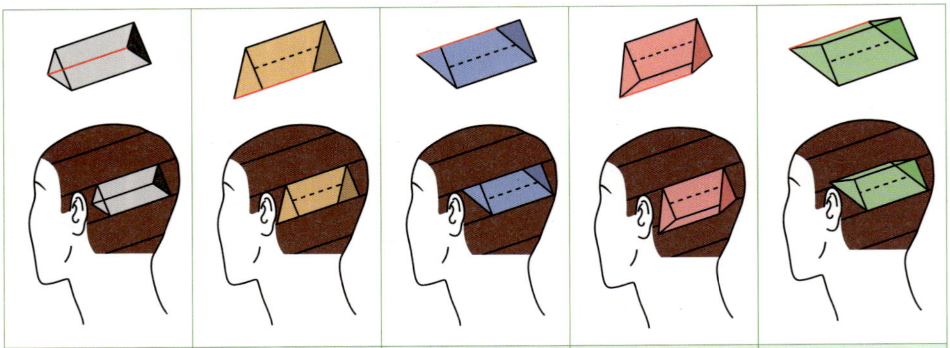

온 더 베이스	다운 베이스	업 베이스	다운 오프 더 베이스	업 오프 더 베이스

(2) 후대각 사선

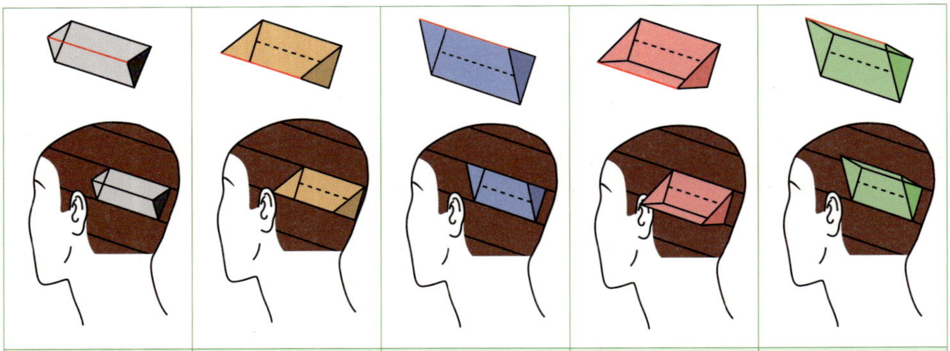

온 더 베이스	다운 베이스	업 베이스	다운 오프 더 베이스	업 오프 더 베이스

4. 커트 방법 및 이론

(1) 돌려 깎기

Side Point 와 E.B.P 까지 클리퍼와 빗의 각도를 이용한 커트 기법으로 Side 커트 시 매우 용이하다.

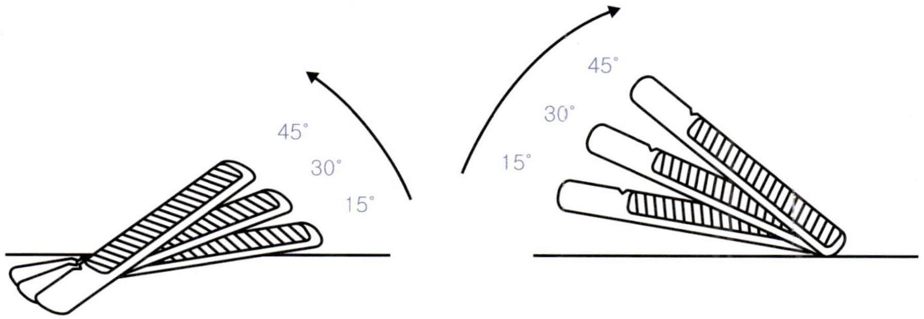

(2) 연속 깎기

빗을 떠올려 깎기로 두피면에 따라 빗과 가위로 연속깎기를 하는 기법으로 E.P 커트 시 유용하고 곡선 있는 장소 커트 시 사용된다.

(3) 밀어 깍기

빗을 밀어 깎기의 쥐는 방식으로 잡고 빗살 끝을 두피면에 대고 깎아 나가는 기법으로 주로 단발 부위에 사용한다. Nape 와 Side 머리 커트 시 용이하고 아래에서 위로 올라가면서 커트한다.

(4) 틴닝 커트

남성 커트 시 탑부분의 무거운 느낌을 가볍게 하기 위한 커트 기법으로 질감을 잘 파악하면서 포인트 커팅을 한다.

(5) 체크 커트

체크 커트는 마무리 단계로 마지막으로 마무리 하는 기법이다.

(6) 앞머리 자르기

① C.P정중앙의 모발 한 가닥을 코에 맞춰 시술하고자 하는 길이가이드라인를 설정하여 0°로 커트한다.

② 자른 모발을 옆쪽으로 끌어당겨 옆머리와 사선으로 연결하여 커트한다.

③ 첫 번째 가이드라인으로 커트된 모발을 낮은 각도로 들어서 커트한다.

④ 첫 번째 층을 낸 가이드라인에 맞추어 2-4번 정도 자른다.

⑤ 앞머리가 짧게 잘려지지 않도록 주의해야 한다.

⑥ 첫 번째 층을 낸 가이드라인에 맞추어 자른 후 세로로 크로스 체크한다.

⑦ 커트을 한 후 틴닝 가위로 다시 한번 체크한 후 마무리한다.

⑧ 초보자의 경우 틴닝 가위을 사용하는 것이 안전하고 자연스럽다.

시술방법

(7) 커트 시 주의사항

① 모발을 자르기 전에 완성된 형을 기억하고 시작할 가이드라인을 결정하고 작업에 임한다.

② 텐션을 너무 주어 머리 길이가 너무 짧아지지 않도록 한다

③ 젖은 모발을 자를 때에는 수분이 말라 완성 시 올라갈 것을 명심한다.

④ 모발에 골고루 물을 뿌려 수분을 유지하고 모량을 너무 많이 잡지 않는다.

⑤ 귀 부분을 자를 때 기장을 고려한다.

⑥ 샴푸 한 후 모발을 말린 상태에서 다시 한번 마지막 체크한다.

⑦ 홈케어 시 손질 방법이나 유지 방법을 알려준다.

5. 기본 커트의 형태

1. 솔리드형(원랭스)

솔리드 커트는 원랭스 커트라고도 하며 '동일한 선상에서 모발을 자른다'라는 뜻으로 모든 섹션을 자연 시술각 또는 0도로 자연스럽게 빗어 내린 후 일직선의 동일 선상에서 같은 길이가 되도록 커트하는 방법이다.

2. 그래쥬에이션

그래쥬에이션 헤어 커트는 그라데이션 커트라고도 하며, 그 의미는 단계적 변화, 점진적인 단차를 뜻한다. 두상에서 아래가 짧고 위로 올라갈수록 모발이 길어지며 층이 나는 스타일이다. 시술 각도에 따른 종류로는 로우 그래쥬에이션 커트(시술각도 1도~40도), 미디엄 그래쥬에이션 커트(시술각도 41도~50도), 하이 그래쥬에이션 커트(시술각도 51도~89도)로 나뉜다.

3. 레이어드

레이어 헤어 커트는 두상에서 아래가 길고 위로 올라갈수록 머리 길이가 짧아지는 스타일이다. 세임 레이어(유니폼 레이어), 인크리스 레이어, 스퀘어 레이어로 구분된다.

레이어 헤어 커트는 90도 이상의 높은 시술 각도가 적용되는 커트 스타일로 시술 각도로 길이가 조절되고, 시술 각도가 높을수록 많은 층이 생긴다. 두께감이 없고 커트 스타일은 가볍고 움직임과 흐름이 자유롭다. 두상과 얼굴형의 보완하기 좋은 커트 기법으로 다양한 형태의 커트 스타일을 디자인해서 만들어 낼 수 있다.

6. 기본 커트 시술과정

1. 솔리드형(원랭스)

(1) 원랭스 커트 시술하기

① E.P에서 B.P를 지나 E.P를 연결하는 수평선으로 섹션을 나눈다.

② 중앙에서 가이드 라인을 자연 시술각 0도로 설정하고 백 사이드 왼쪽, 오른쪽을 커트한다.

③ F.S.P에서 G.P를 지나 F.S.P를 연결하는 선을 남기고 자연 시술각 0도로 첫 번째 가이드 라인에 맞춰 곱게 빗질하여 커트한다. 왼쪽 사이드와 오른쪽 사이드도 동일하게 자연시술각 0도로 일직선으로 커트한다.

④ 섹션 나눈 모발을 모두 내린다. 텐션을 주지 않고 자연시술각 0도로 모발을 모두 내려 빗질하여 커트한다.

⑤ 커트 완성 상태이다.

2. 그래쥬에이션

(1) 미디움 그래쥬에이션 커트 시술하기

① E.P에서 B.P를 지나 E.P를 연결하는 수평선으로 섹션을 나눈다.

② 1~2cm 폭으로 B.P에서 N.P로 버티컬 섹션을 잡는다. 자연시술각으로 45도를 들어 커트한다.

③ S.P에서 G.B.M.P로 섹션을 연결하고 사이드 블록킹을 가로 섹션을 잡아 자연 시술각 45도로 들어서 커트한다. 왼쪽과 오른쪽 사이드를 동일하게 커트해준다.

④ F.S.P에서 G.P를 지나 F.S.P까지의 블로킹 아래로 빗질을 한다. 아래쪽 가이드 모발과 연결하여 자연 시술각 45도로 커트한다.

⑤ 모발을 아래로 다 내려서 자연 시술각 45도로 연결하여 커트한다. 모든 섹션은 1~2cm 간격을 유지하고 온 더 베이스로 커트한다.

⑥ T.P에서 F.S.P 까지 삼각형 섹션으로 모발을 얼굴 앞으로 45도를 맞추어 커트한다.

⑦ 커트 완성 상태이다.

*그래쥬에이션 스타일링 포인트

- 롤 브러시와 드라이기를 90도 각도를 유지하며 위에서 아래 방향으로 돌리며 열을 가한다.

- 탑 부분의 볼륨을 살리기 위해 두상 시술각으로 90도 이상으로 롤 브러시를 넣어서 열을 가한다.
-

• 앞머리 뿌리 볼륨을 살리기 위해 패널의 각도는 120° 이상 각도로 모발 안쪽에 롤 브러시를 넣어 열을 가한다.

평가표

학습 내용	학습 목표	학생 평가			교수 평가		
		상	중	하	상	중	하
두상의 명칭과 라인 분석	두상의 15포인트를 알 수 있다.						
	두상의 7라인을 이해할 수 있다.						
	섹션에 대한 라인 분석을 할 수 있다.						
커트 시술 시 각도, 베이스 이해	자연 시술각에 대해 이해할 수 있다.						
	두상 시술각에 대해 이해할 수 있다.						
	헤어 커트 시 온 더 베이스를 정확하게 사용할 수 있다.						
	헤어 커트 시 사이드 베이스를 정확하게 사용할 수 있다.						
	헤어 커트 시 오프 더 베이스를 정확하게 사용할 수 있다.						
	헤어 커트 시 프리 베이스를 정확하게 사용할 수 있다.						
솔리드형 커트 진행과 마무리	솔리드형 커트의 특징을 이해할 수 있다.						
	솔리드형 커트의 블로킹과 섹션을 정확하게 사용할 수 있다.						
	솔리드형 커트 시 자연 시술각을 정확하게 이해하고 커트를 완성할 수 있다.						
	커트 후 양쪽의 균형 및 완성도를 점검할 수 있다.						
그래쥬에이션 커트 진행과 마무리	그래쥬에이션 커트의 특징을 이해할 수 있다.						
	그래쥬에이션 커트의 블로킹과 섹션을 정확하게 사용할 수 있다.						
	그래쥬에이션 커트 시 자연 시술각을 정확하게 이해하고 커트를 완성할 수 있다.						
	커트 후 양쪽의 균형 및 완성도를 점검할 수 있다.						
레이어 커트의 이해	레이어 커트의 특징을 이해할 수 있다.						

서술형 시험

학습 내용	학습 목표	성취 수준 상	성취 수준 중	성취 수준 하
두상의 명칭과 라인 분석	두상의 15포인트 명칭에 대한 지식			
	두상의 7라인에 대한 이해와 지식			
	섹션에 대한 라인 분석에 대한 이해와 지식			
커트 시술 시 각도, 베이스 이해	자연 시술각에 대한 이해와 지식			
	두상 시술각에 대한 이해와 지식			
	온 더 베이스에 대한 이해와 지식			
	사이드 베이스에 대한 이해와 지식			
	오프 더 베이스에 대한 이해와 지식			
	프리 베이스에 대한 이해와 지식			
솔리드형 커트 진행과 마무리	솔리드형 커트에 대한 이해와 지식			
	솔리드형 커트의 블로킹과 섹션에 대한 이해와 지식			
	솔리드형 커트 시 자연 시술각에 대한 정확한 이해와 지식			
	헤어 커트 마무리 스타일의 연출에 대한 이해와 지식			
그래쥬에이션 커트 진행과 마무리	그래쥬에이션 커트에 대한 이해와 지식			
	그래쥬에이션 커트의 블로킹과 섹션에 대한 이해와 지식			
	그래쥬에이션 커트 시 자연 시술각에 대한 이해와 지식			
	헤어 커트 마무리 스타일의 연출에 대한 이해와 지식			
레이어 커트의 이해	레이어 커트의 특징에 대한 이해와 지식			

[과제 1] 두상의 7라인과 베이스를 이해하고 정리해 보자.	
주제	
날짜	
도해도	

<table>
<tr><td>시술설명</td><td colspan="2"></td></tr>
<tr><td rowspan="4">시술과정
사진부착</td><td>정면</td><td>뒤</td></tr>
<tr><td></td><td></td></tr>
<tr><td>좌</td><td>우</td></tr>
<tr><td></td><td></td></tr>
</table>

[과제 2] 그래쥬에이션 커트를 완성해 보자.	
주제	
날짜	
도해도	

시술설명	
시술과정 사진부착	정면 / 뒤 / 좌 / 우

정면	뒤
좌	우

Memo

Chapter 3

스타일링 도구 종류 및 사용 방법

1. 커트 도구의 종류 및 사용방법
2. 스타일링 시술도구 종류 및 사용 방법

3. 커트 & 스타일링 도구 종류 및 사용 방법

학습 목표

- 커트 도구의 종류를 파악할 수 있다.
- 커트 빗과 가위 잡는 방법을 이해할 수 있다.
- 클리퍼 사용 방법과 손질법을 파악할 수 있다.
- 레이저 잡는 방법과 모발에 대한 각도를 이해할 수 있다.
- 스타일링 시술도구 중 헤어드라이기를 올바르게 사용할 수 있다.
- 브러시 테크닉을 사용할 수 있다.
- 아이론 테크닉을 사용할 수 있다.

1. 커트 도구의 종류 및 사용 방법

1. 커트 빗

(1) 빗의 종류와 용도

① 빗의 종류

커트 빗의 크기는 다양하기 때문에 모발의 길이와 용도에 따라 바꾸어 사용하며 최소한 대, 중, 소를 가지고 사용된다.

② 빗의 용도

빗의 사용 용도별 분류를 보면 커트빗, 정발빗, 아이론빗, 꼬리빗, 염발빗 등이 있다. 빗의 선택 시 커트 빗은 모발을 나누고 뜨거나 곱게 빗질하는데 사용하기도 하고 커트 시 눈금자로 사용하기도 한다. 빗살 끝이 너무 뾰족하지 않아야 하고 두피를 보호할 수 있어야 한다. 견고한 소재의 재질로 만든 빗이어야 하며 빗의 허리 부분이 너무 매끄럽지 않고 끝이 약간 둥근 각이 사용하기에 편리하다.

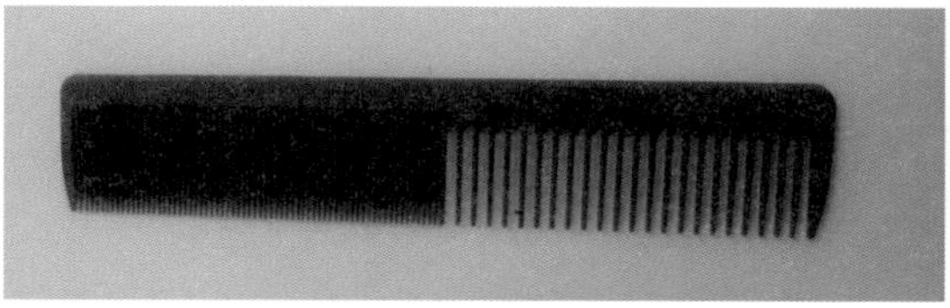
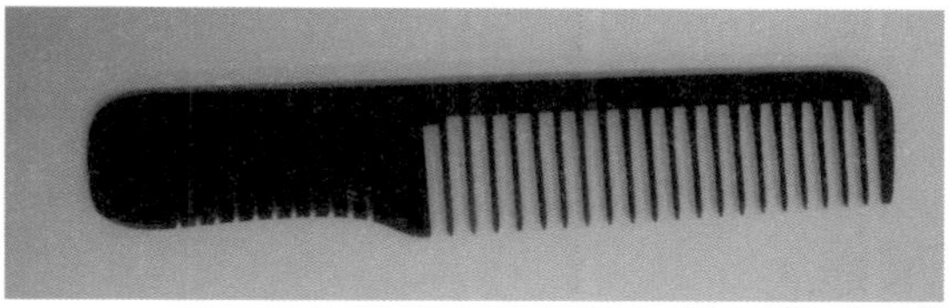
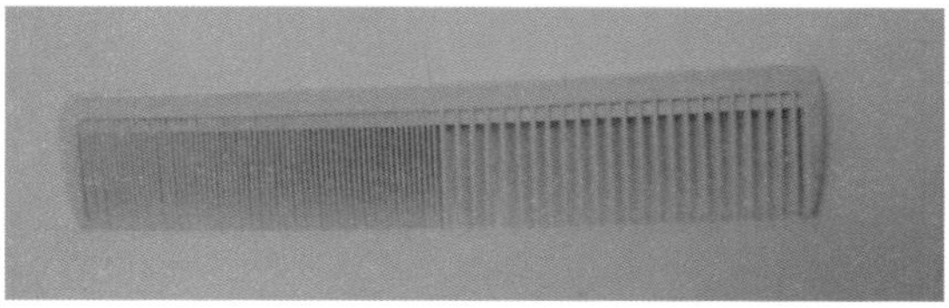

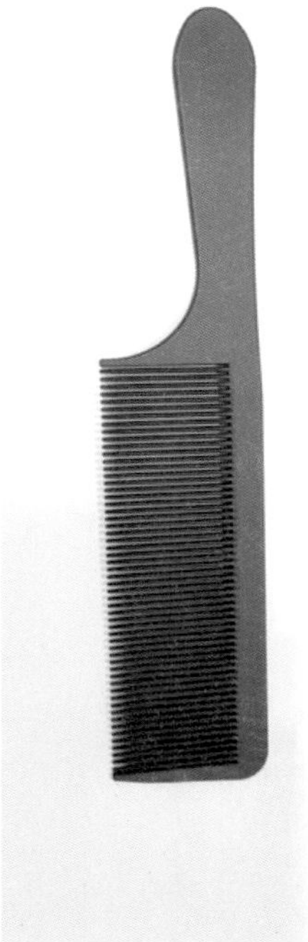
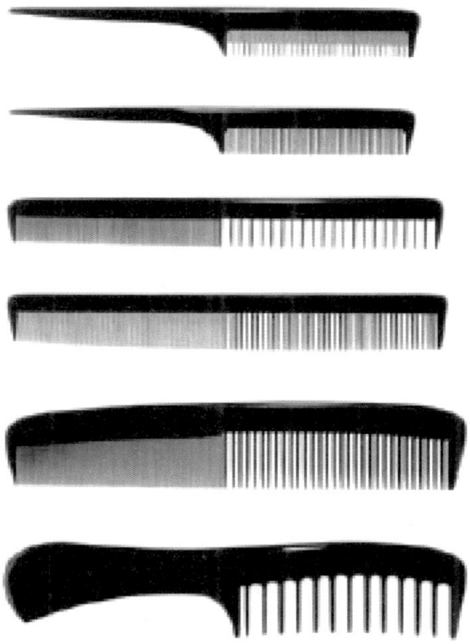

(2) 빗 잡는 방법

- 잡는 면적이 넓어야 빗질이 용이하고 섬세한 작업이 가능하다
- 연속 깎기싱글링, 얼레 깎기굴리기, 지간 깎기, 소밀작업 등 사용의 범위가 넓다.

응용 1

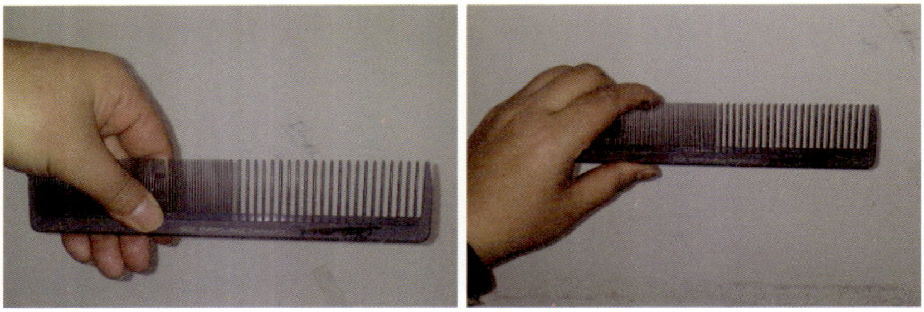

- 손바닥을 편 상태에서 네 손가락에 빗을 올린후 엄지 손가락으로 가볍게 잡는다.
- 면 자르기, 섬세한 작업, 싱글링에 많이 사용한다.

응용 2

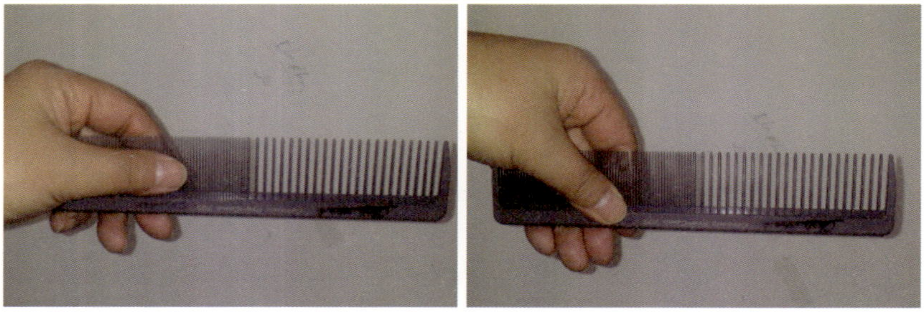

2. 가위

중가위	틴닝가위(대)
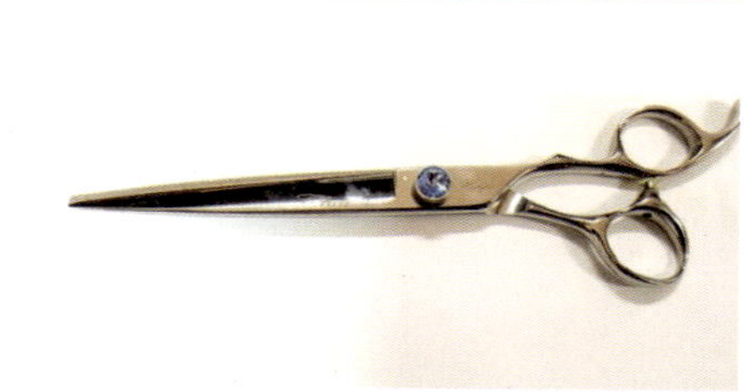	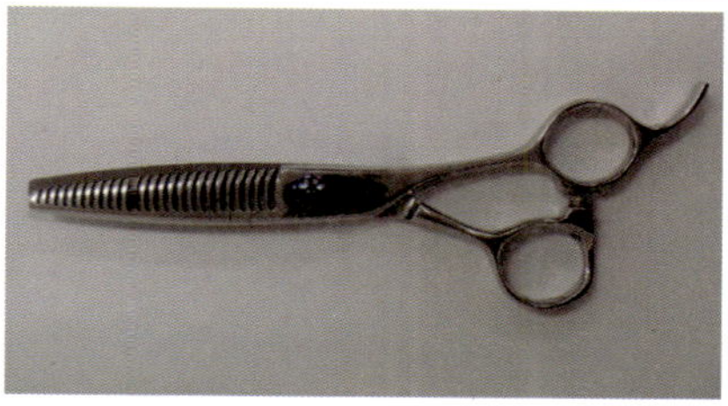
틴닝가위(중)	레자
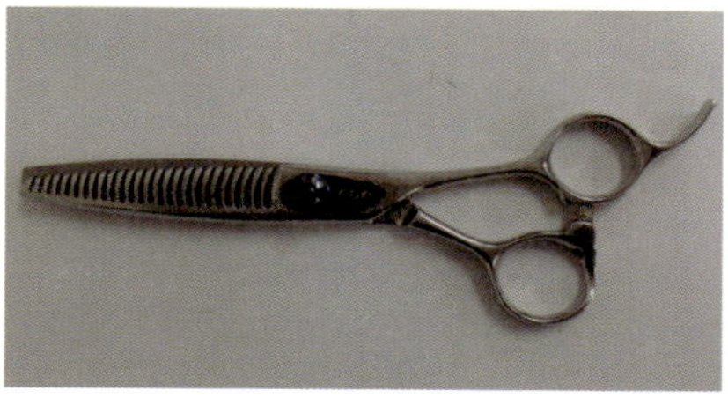	

(1) 가위 잡는 방법

① 빗을 잡는 손으로 가위의 잠금 나사 부분이 자신을 바라보도록 잡는다.

② 오른손의 약지손가락을 끼운다.

③ 약지의 두 번째 관절과 세 번째 관절 사이에 사선으로 가위를 놓는다.

④ 손목을 밖을 향해 45°로 비튼다.

⑤ 유동날의 링은 엄지 손가락을 끼우고 너무 많이 들어가지 않도록 한다.

⑥ 손등은 힘을 주고 엄지 부분의 동작만으로 움직인다.

⑦ 고정날은 평행 상태로 유지한다.

⑧ 커트를 하지 않을 때에는 가위의 날을 닫은 뒤 엄지환에서 엄지손가락을 빼고 가볍게 주먹을 쥐는 자세를 취한다.

⑨ 가위의 개폐는 엄지손가락을 너무 깊이 넣으면 개폐가 어렵기 때문에 엄지손톱의 3/1을 넘지 않게 한다.

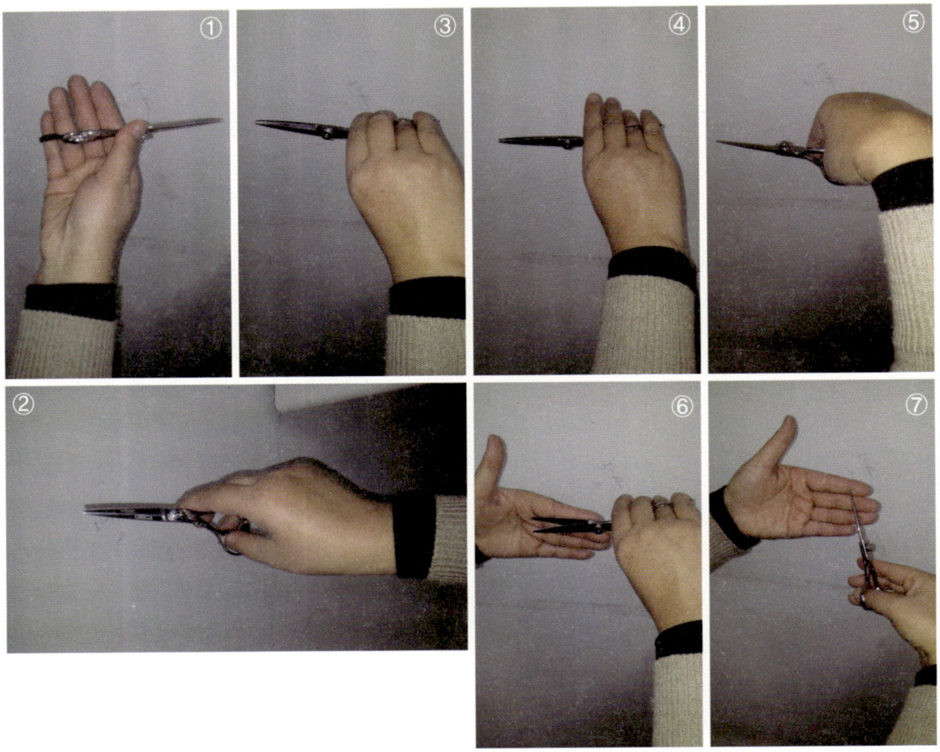

(2) 자르는 방법 및 손 연습

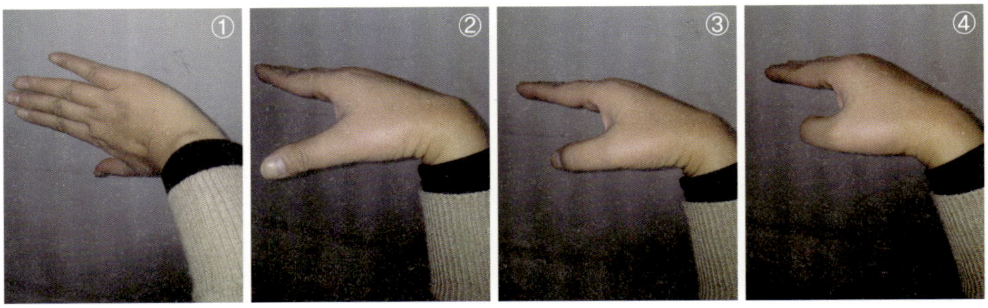

- 가위 개폐 연습 전에 손가락을 바르게 펴고 다른 손가락은 움직이지 않는 고정된 상태에서 엄지만 움직이는 연습을 반복한다.
- 반복적인 연습을 통해 가위질의 떨림을 방지할 수 있으며, 엄지손가락 쪽의 근육을 발달시켜 정확한 커트를 할 수 있다.

3. 클리퍼

1871년 프랑스의 "바리깡 마르" 기계 제작소의 창업자 바리깡에 의해 발명되어 현재까지 그 명칭이 사용되고 있다. 바리깡은 일명 클리퍼라고 한다. 일본을 통해 우리나라는 1910년에 보급되어 현재까지 사용되고 있다.

클리퍼(소)	클리퍼
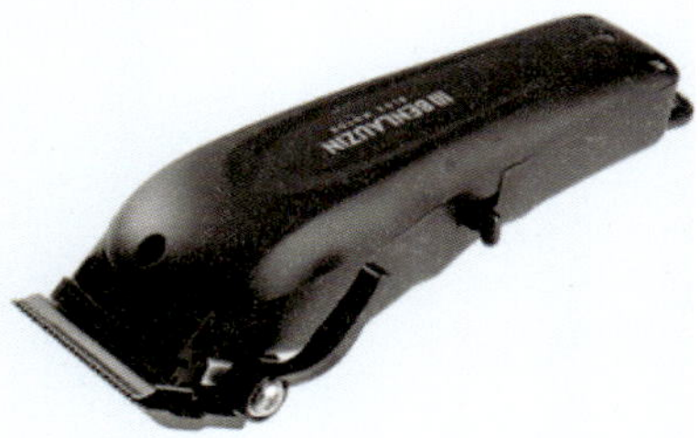	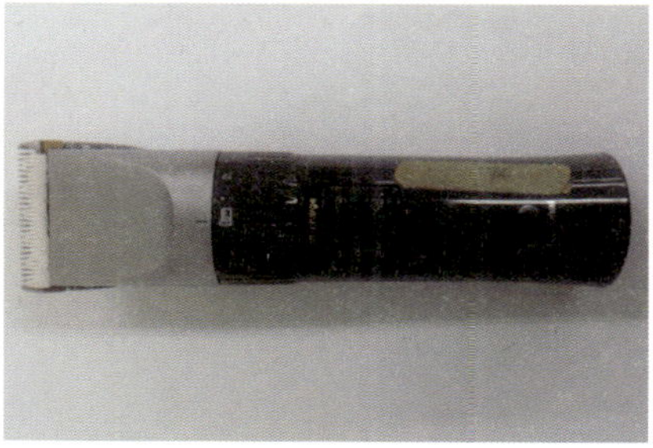

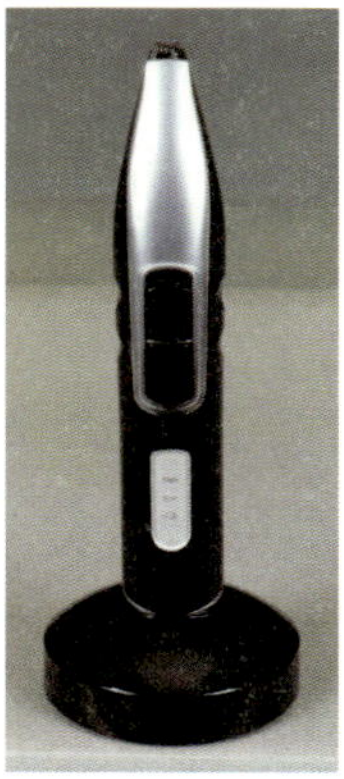

출처 : 순시키 헤어: 클리퍼 벤라우진(benlauzin)

(1) 빗과 클리퍼

- 빗은 자 역할을 하며, 클리퍼는 자빗를 댄 모발을 정확히 자른다.
- 빗의 시술각과 클리퍼의 각도는 동일하게 해야 한다.
- 빗을 정확히 대기 위해 손가락은 지지대 역할을 한다.

(2) 클리퍼 잡는 방법

- 날의 방향을 위로 향하게 하고 엄지는 몸체에 얹는다.
- 클리퍼 뒷면은 몸체 중심에 나머지 네 손가락을 가볍게 얹는다.
- 손목이 꺾이지 않게 하기 위해 연필 잡는 자세로 잡는다.

	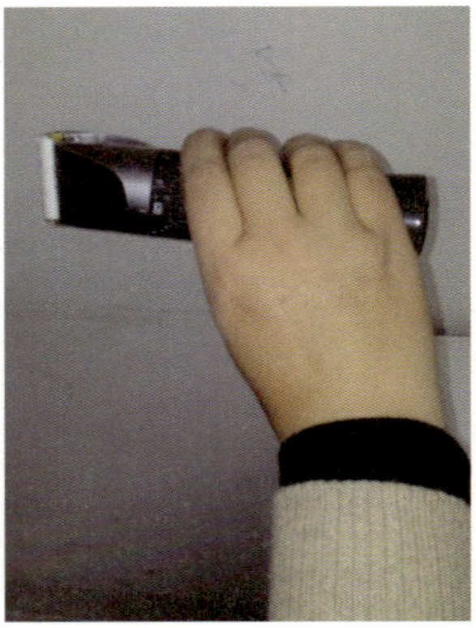	
날의 방향이 위로 향함	밀어 주는 역할	연필 잡는 자세

(3) 클리퍼 손질법

클리퍼 사용 후에는 모발을 깨끗이 털어내고 소독수에 잠시 담가두었다가 수분을 제거한 후 기름칠을 해서 소독장에 보관한다.

4. 레이저

동양인의 모발은 모질이 두껍고 직모인 경우가 많다. 두꺼운 모발이나 직모인 한국인의 헤어스타일은 블런트 컷만으로는 스타일 창출이 힘들기 때문에 레자(Lazor)를 사용한다.

젖은 모발에서 시술하는 것에 따라서 모발의 길이, 양, 흐름에 대한 시술이 가능하다. 과도하게 잘릴 위험성이 있고 모발의 표면이 손상되기 쉬우므로 주의하여야 한다.

(1) 레이저 잡는 방법

안전커버가 있는 스틱 타입의 레자는 엄지와 검지 사이에 레자를 잡고 중지와 약지로 받쳐서 잡아준다. 모발 끝에서 약간의 율동감을 만들 때는 연필을 잡을 때와 같은 방법으로 잡는 펜슬 핸드법이 있다.

(2) 패널 잡는 방법

모발을 검지와 중지 사이에 넣고 힘을 균등하게 분배한 후 손 끝은 모발을 강하게 잡고 원하는 가이드보다 1~2cm 정도 띄운다. 레자를 사선 45°로 잡고 손가락을 똑바로 펴서 잡음으로써 균등한 커트가 가능하다.

(3) 모발에 들어가는 레이저의 각도

기본적으로 모발에 대한 레자의 각도는 15~30°가 이상적이다. 90°로 자를 경우는 모발이 잘리지 않고 모발을 긁어내는 역할을 하여 모표피가 손상이 된다.

2. 스타일링 시술 도구 종류 및 사용 방법

1. 블로우드라이 도구 사용 방법

(1) 헤어드라이기 잡는 방법

헤어 드라이를 잡을 때 손목이 너무 굽어지거나 들리지 않도록 하며, 손잡이의 끝 부분 보다는 최대한 중간 부분을 가볍게 쥐어준다. 특히, 노즐이 빠져 있는지 위치가 틀어져 있는지 주의한다.

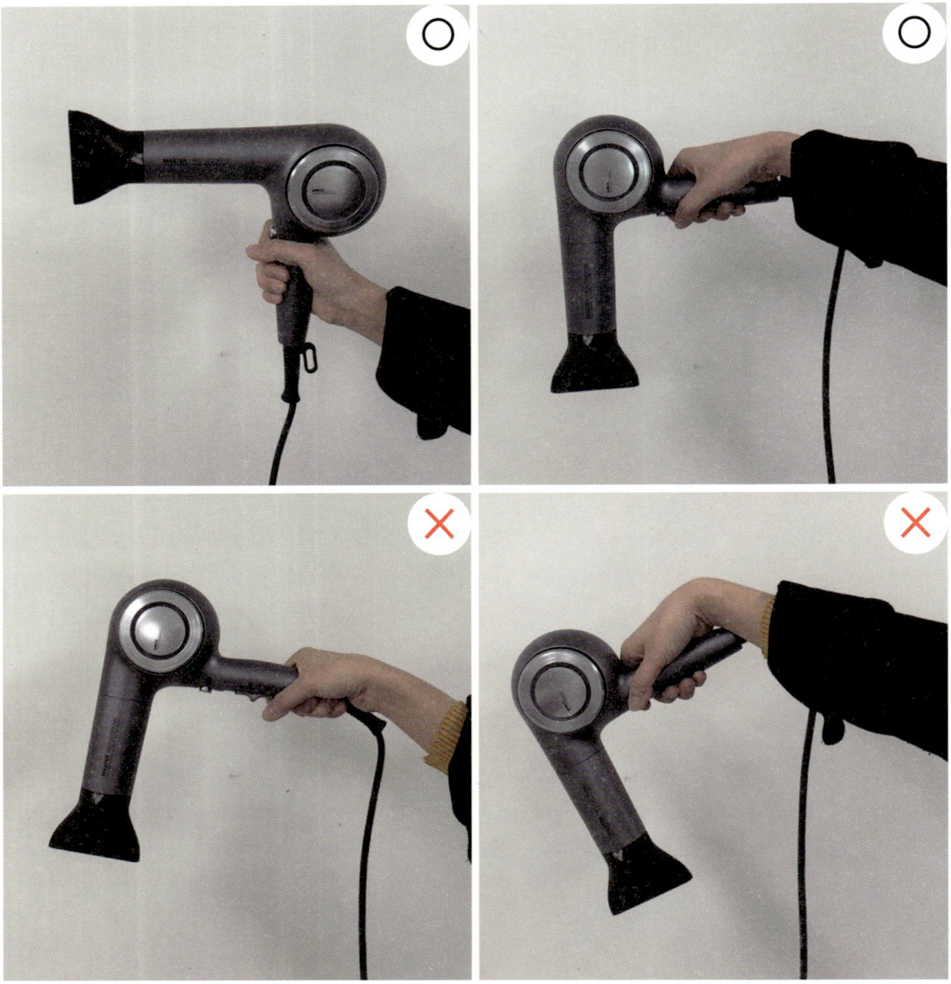

(2) 브러시 잡는 방법

롤의 손잡이를 움켜쥐듯 가볍게 잡아주고, 엄지와 검지 손가락으로 일정하게 롤을 굴리면서 사용한다. 손가락이 빗살과 가까우면 드라이 시 뜨거울 수 있으니 주의해야 한다. 시술자와 거리는 가슴과 닿지 않도록 30cm 가량 거리를 두고 다리는 어깨 넓이만큼 벌린 후 블로우 드라이를 한다.

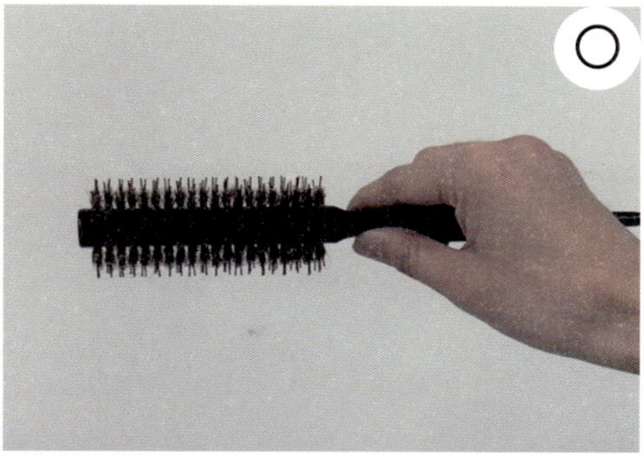

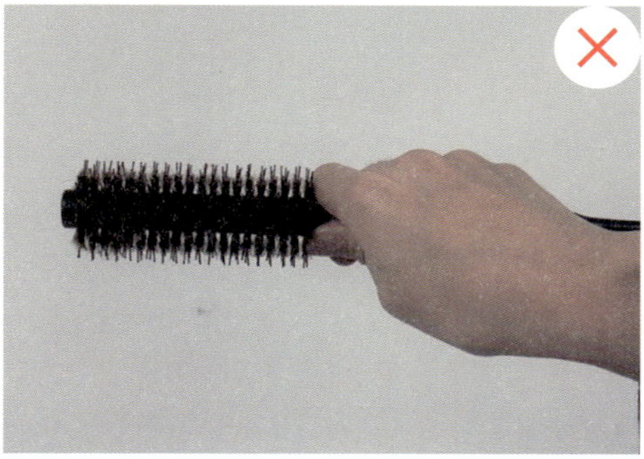

(3) 아이론 잡는 방법

일반적으로 새끼손가락이나 약지손가락을 사용하여 아이론을 오픈하거나 닫을 수 있다. 프롱과 그로브를 벌리고 닫고 돌리는 동작은 반복적으로 연습이 필요하며, 아이론 잡는 방법이 익숙해질 때까지 전원을 켜지 않고 연습하는 것이 안전하다.

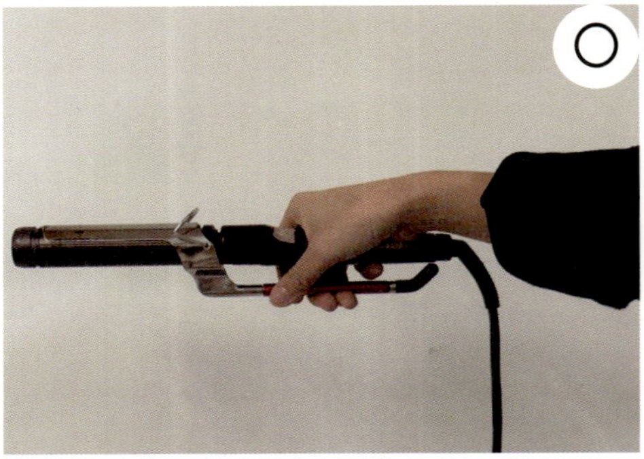

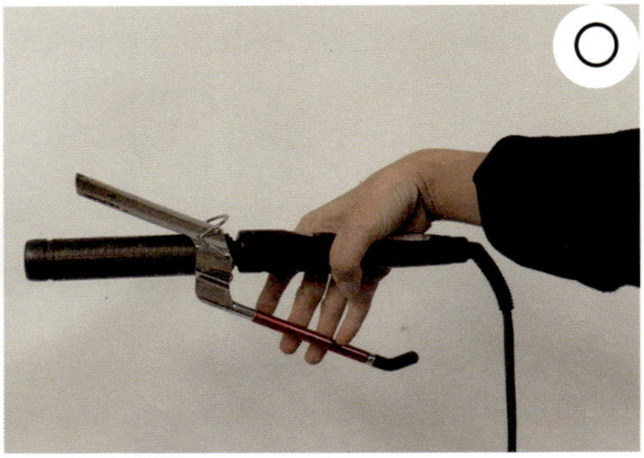

평가표

학습 내용	학습 목표	학생 평가			교수 평가		
		상	중	하	상	중	하
커트 빗	커트 빗의 용도를 알고 블로킹, 섹션, 빗질 등을 할 수 있다.						
	커트 빗을 잡는 방법을 알 수 있다.						
가위	가위 잡는 방법을 알수 있다.						
	가위를 수평, 수직 사선의 형태로 올바르게 잡고 커트 할 수 있다.						
클리퍼	클리퍼 잡는 방법을 알 수 있다.						
	커트 디자인에 따라 빗의 각도를 조절한 클리퍼 커트 동작을 할 수 있다.						
	클리퍼 손질법을 이해할 수 있다.						
레이저	레이저 잡는 방법을 알 수 있다.						
	레이저 커트를 위해 모발의 수분 함량을 조절할 수 있다.						
	모발에 들어가는 레어저 각도를 이해할 수 있다.						
스타일링 시술 도구	헤어드라이기 잡는 법을 알 수 있다.						
	브러시 잡는 법을 이해할 수 있다.						
	아이론 잡는 법을 이해할 수 있다.						

서술형 시험

학습 내용	학습 목표	성취 수준 상	성취 수준 중	성취 수준 하
커트 빗	커트 빗의 용도를 알고 블로킹, 섹션, 빗질에 대한 이해와 지식			
	커트 빗을 잡는 방법에 대한 이해와 지식			
가위	가위 잡는 방법에 대한 이해와 지식			
	가위를 수평, 수직 사선의 형태로 올바르게 잡고 커트할 수 있는 이해와 지식			
클리퍼	클리퍼 잡는 방법에 대한 이해와 지식			
	커트 디자인에 따라 빗의 각도를 조절한 클리퍼 커트 동작에 대한 이해와 지식			
	클리퍼 손질법에 대한 이해와 지식			
레이저	레이저 잡는 방법에 대한 이해와 지식			
	레이저 커트를 위해 모발의 수분 함량을 조절하는 것에 대한 이해와 지식			
	모발에 들어가는 레어저 각도에 대한 이해와 지식			
스타일링 시술 도구	헤어드라이기 잡는 법에 대한 이해와 지식			
	브러시 잡는 법에 대한 이해와 지식			
	아이론 잡는 법에 대한 이해와 지식			

[과제] 커트 및 스타일링 도구의 종류와 사용 방법을 정리해 보자

Memo

Chapter 4

스타일의 구성방법

1. 스타일 구성 방법
2. 헤어스타일 연출 방법 및 이론
3. 다양한 스타일 연출 방법

4. 스타일의 구성

학습 목표

- 얼굴형에 따른 스타일링 연출 방법을 이해할 수 있다.
- 스트레이트 헤어스타일을 연출할 수 있다.
- 각도에 따른 뿌리 볼륨을 연출할 수 있다.
- C+S컬 헤어스타일을 연출할 수 있다.
- 다양한 남성 헤어스타일의 특징을 알 수 있다.

1. 스타일 구성 방법

1. 얼굴형에 어울리는 가르마 스타일

(1) 둥근형에 어울리는 6:4 가르마

둥근 얼굴형은 얼굴의 넓이와 길이가 거의 동일한 형으로 미간이 꽉 차 있어 온화하고, 친밀감과 귀여운 이미지를 주는 얼굴형이다. 둥근 얼굴형의 통통한 볼을 커버하고 얼굴이 길어 보이도록 하기 위해서 세련된 이미지로 보완해야 하며, 층이 있는 커트를 하여 톱 부분에 풍성한 볼륨을 주면 둥근 얼굴형의 단점을 보완할 수 있다. 반대로 사이드에 볼륨을 주는 행위는 볼을 더 통통하게 부각시키므로 피해야 하며 중간 상고나 높은 상고형의 스타일이 어울리며 앞머리는 짧은 뱅 스타일보다 길게 늘어뜨리는 스타일이 얼굴을 길어 보이게 한다. 5:5나 6:4로 파트를 타는 것이 자연스럽고 잘 어울린다.

(2) 역삼각형에 어울리는 2:8 가르마

역삼각형 얼굴형은 현대적인 얼굴형으로 이마의 가로 넓이가 넓어 시원해 보이고 세련된 이미지를 주지만 턱이 좁아 가냘퍼 보이고, 다소 신뢰감이 떨어져 보일 수 있다. 대체적으로 이마가 넓고 턱이 뾰족한 역삼각형의 얼굴형은 중간 상고나 댄디 스타일 커트를 권한다. 웨이브가 있는 스타일이나 윗머리 길이 조절 시 짧게 선택하거나 위로 뾰족하게 올리는 스타일링 연출을 주의하여야 한다. 이마를 가리는 스타일이나 사이드 머리가 뜨지 않는 스타일을 제안할 수 있다. 반면 턱선이 강조되는 스타일과 얼굴을 드러내는 스타일은 피해야 한다. 가르마 방법은 2:8이나 9:1을 한 후 볼륨을 높게 하는 것이 효과적이다.

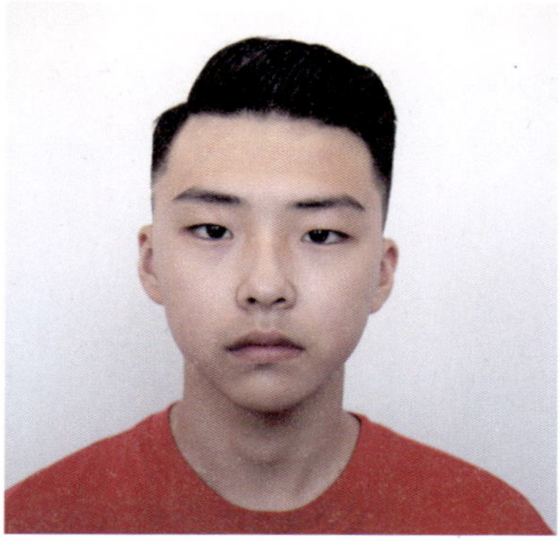

(3) 긴 타원형에 어울리는 7:3 가르마

얼굴 비율에서 세로의 길이가 가로에 비해 폭이 좁아보여 인상이 날카롭고 얼굴이 나이에 비해 성숙해 보인다. 길고 둥근 턱을 가진 얼굴형의 경우 톱 부분의 볼륨이 과도하면 안 된다. 짧은 스포츠 머리나 높은 상고, 모히칸 스타일을 주의하고 댄디 스타일의 앞머리로 이마를 가려 주어 긴 타원형의 얼굴을 커버할 수 있는 스타일을 추천한다. 디자인 커트의 경우 비대칭 앞머리도 길고 둥근 얼굴형을 보완하는데 도움이 되는데, 이 때 비대칭의 각도가 과도하지 않는 것이 포인트이다.

가르마는 7:3 또는 U형 가르마 또는 사선 가르마를 선택하여 부드럽고 세련된 도시적인 이미지로 연출하도록 한다. 다만 5:5 가르마는 피해 주는 것이 좋다. 사이드 부분은 볼륨을 살려 주어 스타일링을 자연스럽게 연출하는 것이 포인트이다.

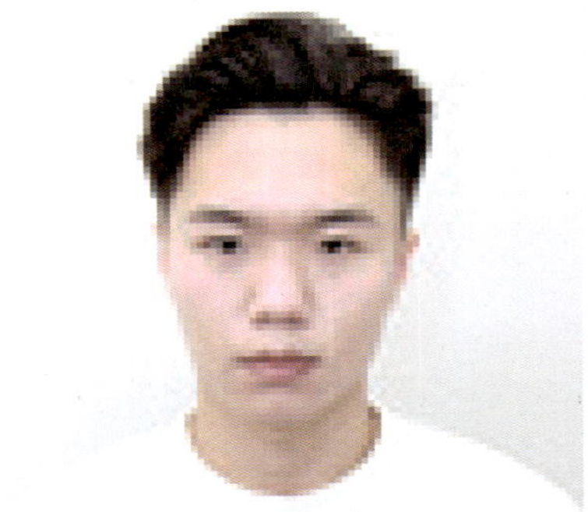 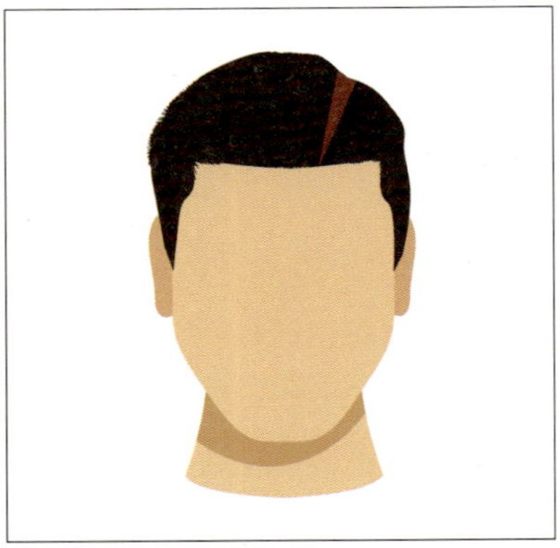

(4) 마름모형에 어울리는 프리스타일

마름모 얼굴형은 얼굴 중앙 부분이 넓고, 돌출된 얼굴형으로 얼굴 길이가 좁으며 광대뼈가 두드러져 보이는 얼굴형이다. 군살이 없는 마른 사람에게 많은 얼굴형으로 입체감이 있어 샤프하고 지적인 이미지를 주지만 차갑고, 신경질적인 이미지를 줄 수 있다.

마름모형의 얼굴은 측두부의 모발 볼륨을 줄이지 않고 살려 주는 스타일을 권한다. 마름모형은 광대뼈가 옆으로 돌출된 경우가 많은 편으로 장발 헤어스타일을 추천할 만하다. 톱의 볼륨감은 적당히 살려 주고 앞머리를 길게 하지 않는 스타일을 제안한다. 너무 짧고 높은 상고나 스포츠형은 주의하여야 한다.

(5) 사각형에 어울리는 2:8 가르마

얼굴의 폭과 길이가 거의 같고 체격이 크며 어깨 폭이 넓은 사람 중에 많은 얼굴형이다. 하악골의 발달로 인상이 강해 보이나 의지가 강하고 신뢰감 있는 성실한 얼굴형이라 할 수 있다. 사각형 턱을 가진 경우에는 모발 전체를 이용하여 얼굴을 갸름하고 동그랗게 보일 수 있는 디자인 스타일의 커트를 추천한다. 도발의 길이가 너무 길 경우 얼굴이 처져 보일 수 있으니 중간 상고형이나 톱에만 볼륨 펌을 하는 것도 추천할 만하다.

가르마는 2:8이나 C형 가르마를 선택하다면 부드러운 곡선으로 조화롭게 어울리 수 있도록 연출한다. 일직선보다는 활동적으로 좀 더 어려 보일 수 있는 C형 가르마나 지그재그 가르마가 효과적이다.

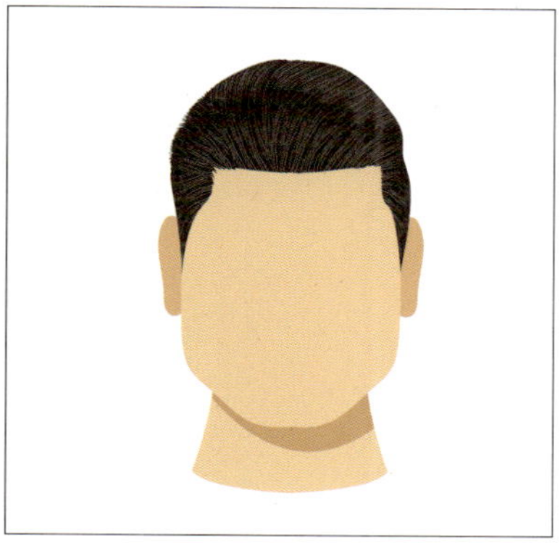

(6) 삼각형에 어울리는 스타일

이 얼굴형은 좁은 이마와 넓은 턱 선 때문에 차갑게 보이는 인상이다. 헤어스타일은 이마가 넓어 보이도록 큰 뱅이나 볼륨감으로 디자인하고, 턱은 양쪽 각을 좁게 보이도록 부드러운 웨이브나 장발스타일로 커버한다.

[과제] 자신의 얼굴형과 어울리는 헤어 디자인을 조사하고 토론해 보자

2. 헤어스타일 연출 방법 및 이론

1. 헤어스타일 연출 방법 및 이론

(1) 스트레이트

직모 형태의 시술방법으로 모발 모근에서부터 자연스럽게 떨어지는 라인에 맞춰 자연 각도를 유지하면서 롤 브러시와 드라이기 입구를 평행하게 하여 모발 끝까지 드라이 한다. 모발 끝에서 자연스럽게 롤링해준다. 모발의 양은 롤 브러시의 너비보다는 적게 하고 섹션은 3cm 정도로 하여 일정한 텐션을 유지한다.

(2) 뿌리 볼륨

모발의 뿌리 부분에 볼륨감을 주기 위한 시술이다. 두피를 살짝 긁어준다는 느낌으로 롤 브러시를 회전시켜 모발의 베이스에 안착한 뒤 드라이기의 열풍을 주고 뜸을 들인 후 손목을 약간 꺾어 포물선을 그리며 자연스럽게 롤 아웃한다.

* 롤 브러시를 이용한 각도에 따른 모발 볼륨

① 45°

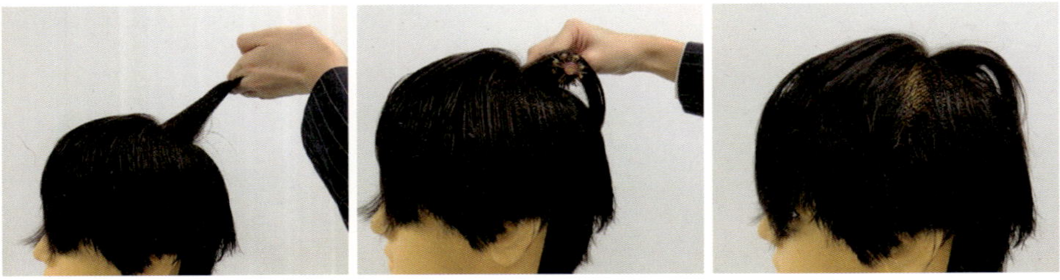

② 90°

③ 130°

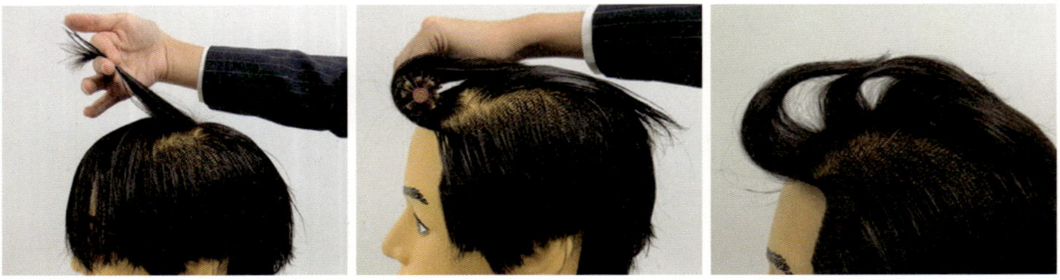

(3) c+s컬 연출 방법

① C컬

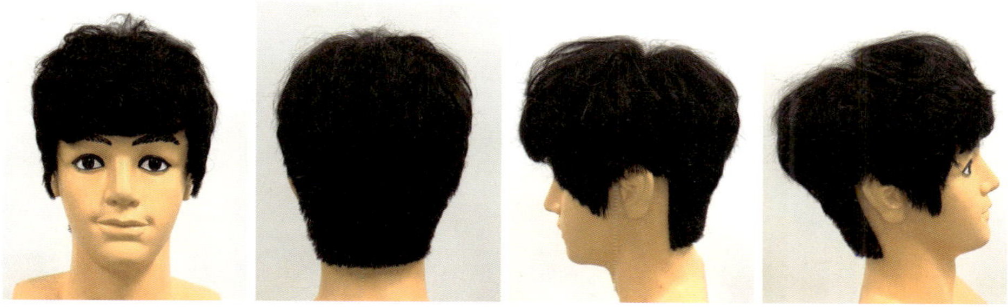

② S컬

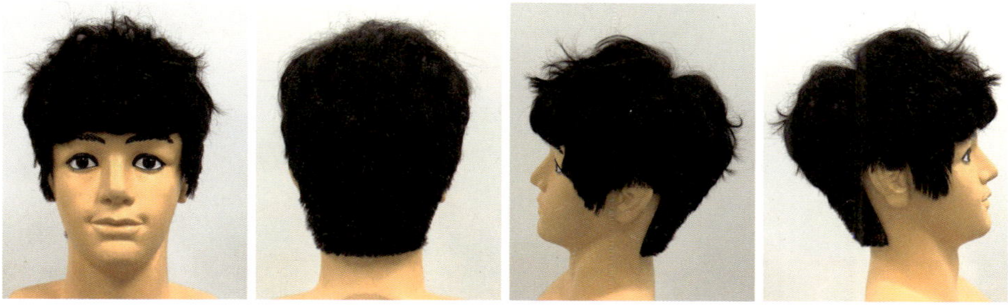

(4) 블로우 드라이 사용 시 주의사항

① 드라이기의 뜨거운 열이 두피와 모발에 직접적으로 닿지 않도록 주의한다. 열로 인한 두피 화상과 모발의 큐티클 등을 손상시킬 수 있기 때문이다.

② 또한 드라이어의 열풍으로 인한 헤어라인과 귀 부분의 화상에 주의한다.

③ 브러쉬와 드라이기 노즐과의 간격은 0.5~1cm 정도 띄워서 작업하는 것이 좋다.

④ 블로우 드라이 사용 전 모발은 미리 깨끗이 샴푸하여 이물질을 제거하고 사용한다.

⑤ 모발의 수분의 양은 10~20% 내외의 상태에서 시술한다. 모발에 수분이 너무 많이 남아 있으면 스타일의 완성 시간도 오래 걸리며, 수분에 열이 전달되어 모발에 손상을 줄 수 있기 때문이다. 적당한 수분은 모발 손상 방지와 시술 후 윤기를 줄 수 있다.

⑥ 장시간 열을 가할 경우에는 수분이 손실되고 정전기가 일어날 수 있으며 모발의 윤기를 잃게 된다.

⑦ 마무리 시 모발에 맞는 헤어스타일링 제품을 선택하여 완성해야 한다.

(5) 아이론 사용 시 주의사항

① 전열식 아이론을 사용할 때는 물이 묻은 젖은 손으로 플러그를 만지지 않도록 하며 사용 전후 전원의 on/off 상태를 확인하는 것이 중요하다.

② 로드에 손가락이나 손을 이용하여 온도를 확인하거나 코 가까이에 아이론을 대고 열의 온도를 확인하는 것은 절대 금물이다.

③ 온도 측정은 아이론에 직접적으로 대지 않고 아이론 근처에 손을 가져가서 측정하는 것이 적절한 방법이다.

④ 모발의 손상 정도에 따라 아이론의 온도를 적절히 조절하여 사용한다.

⑤ 일반적으로 180° 내외에서 시술하나 극 손상모나 화학적 처리가 된 모발의 경우에는 낮은 온도로 시술하기를 권장한다.

⑥ 모발은 100% 건조되어 있는 상태에서 시술한다.

⑦ 모발이 청결하지 않거나 거품의 잔여물이 있는 경우 사전 샴푸 후 시술한다.

⑧ 백콤이 있는지 모발 정돈 상태를 체크한다.

⑨ 아이론의 프롱에 모발을 오랜 시간 감아두지 않고 적당한 뜸으로 조절한다.

⑩ 판넬에 아이론의 자국이 나지 않도록 오른손의 압을 조절하도록 한다.

3. 다양한 스타일 연출 방법

(1) 방송시상식 스타일링

(2) 웨딩 스타일링

(3) 기능 스타일링

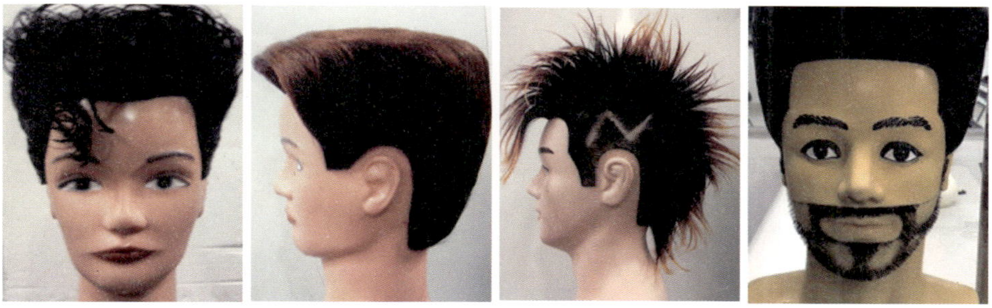

평가표

학습 내용	학습 목표	학생 평가			교수 평가		
		상	중	하	상	중	하
얼굴형에 따른 스타일링 연출	가르마에 어울리는 얼굴형을 이해할 수 있다.						
	얼굴형에 따른 가르마를 제안할 수 있다.						
헤어 스타일 연출 방법 및 이론	스트레이트 스타일링을 연출할 수 있다.						
	각도에 따른 뿌리 볼륨을 연출할 수 있다.						
	c+S컬을 연출할 수 있다.						
	브로우 드라이 사용 시 주의사항을 이해한다.						
	아이론 사용 시 주의사항을 이해한다.						
다양한 스타일	방송(시상식) 스타일링 특징을 알 수 있다.						
	웨딩 스타일링의 특징을 알 수 있다.						
	창작 스타일링의 특징을 알 수 있다.						

서술형 시험

학습 내용	학습 목표	성취 수준		
		상	중	하
얼굴형에 따른 스타일링 연출	가르마에 어울리는 얼굴형을 이해할 수 있다.			
	얼굴형에 따른 가르마를 제안할 수 있다.			
헤어 스타일 연출 방법 및 이론	스트레이트 스타일링을 연출할 수 있다.			
	각도에 따른 뿌리 볼륨을 연출할 수 있다.			
	c+S컬을 연출할 수 있다.			
	브로우 드라이 사용 시 주의사항을 이해한다.			
	아이론 사용 시 주의사항을 이해한다.			
다양한 스타일	방송(시상식) 스타일링 특징을 알 수 있다.			
	웨딩 스타일링의 특징을 알 수 있다.			
	창작 스타일링의 특징을 알 수 있다.			

[과제 1] 다양한 남성 헤어 스타일을 시대별로 찾아서 분석해 보자

[과제 2] 자신의 얼굴형에 대하여 살펴보고 어울리는 헤어 디자인을 조사하고 토론해 보자

Chapter 5

연령에 따른 디자인 커트 및 연출 방법

1. 50~60대 남성을 위한 커트 및 연출(낮은 상고)
2. 30~40대 남성을 위한 커트 및 연출(중간 상고)
3. 10~20대 남성을 위한 커트 및 연출(높은 상고)
4. 스포츠 커트 및 연출

5. 연령에 따른 디자인 커트 및 연출 방법

학습 목표

- 헤어 커트 시술 시 각도에 대한 형태 변화를 알 수 있다.
- 50~60대 남성 헤어 커트(낮은 상고)를 완성할 수 있다.
- 30~40대 남성 헤어 커트(중간 상고)를 완성할 수 있다.
- 10~20대 남성 헤어 커트(높은 상고)를 완성할 수 있다.
- 스퀘어 스포츠를 완성할 수 있다.
- 라운드 스포츠를 완성할 수 있다.
- 커트 후 양쪽의 균형 및 완성도를 점검할 수 있다.

	낮은 상고	중간 상고	높은 상고	스퀘어 스포츠
백 각도				
사이드 각도	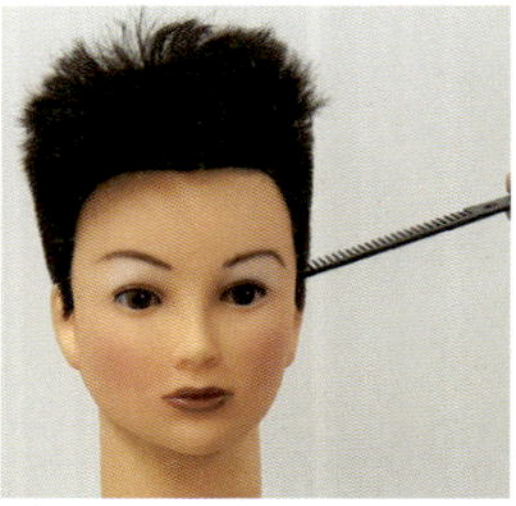	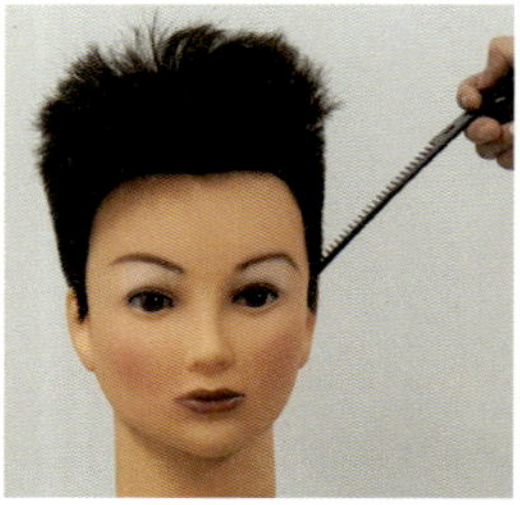		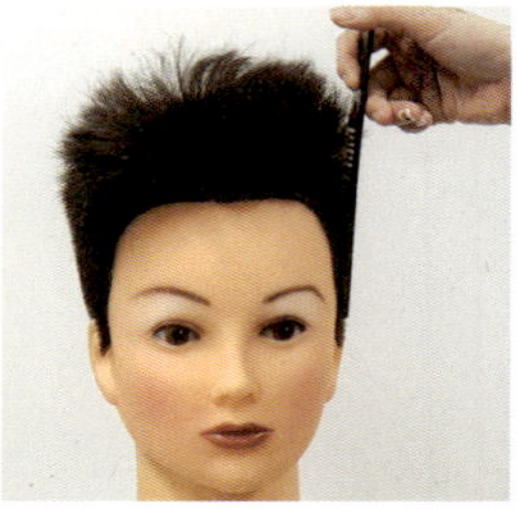

1. 50~60대 남성을 위한 커트 및 연출(낮은 상고)

낮은 상고

- C.P : 9~10cm, T.P 9~10cm, G.P 7~8cm, B.P 4~5cm, B.N.M.P 2~3cm, N.P 0~1cm
- 네이프 후면 부분은 3~4cm, B.N.M.P까지 클리퍼를 사용하여 커트한다.
- 측두부옆머리부분은 E.P에서 시작해서 위로 2~3cm손가락2개 정도 낮은 각도20°~30°로 올려 커트한다.
- 전두부앞머리 부분에 모발을 9cm~10cm 길이로 커트한다.

※ 도해도(50~60대 낮은 상고)

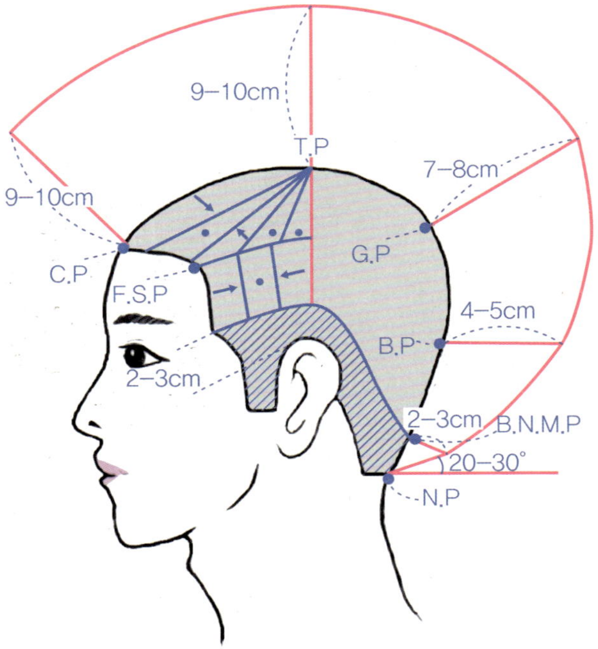

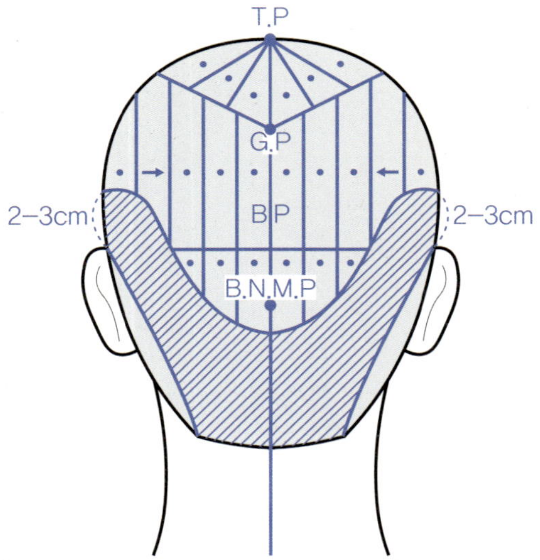

① E.P에서 2~3cm손가락 1개 반 위쪽으로 탄 섹션과 B.N.M.P를 연결하여 모발 블로킹을 한다.

② 자연 시술각 20~30°로 클리퍼를 이용하여 커트한다. 사이드와 백의 코너 부분도 정리하고 구렛나루 부분의 커트는 빗을 얼굴 앞쪽으로 빗질하여 각도 30°로 만들어 클리퍼로 커트해 준다.

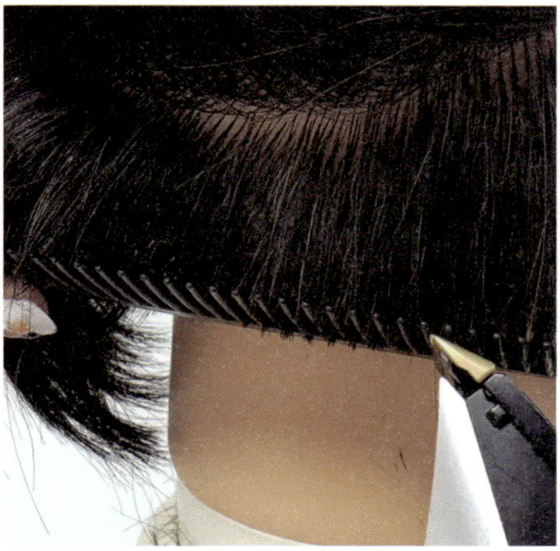

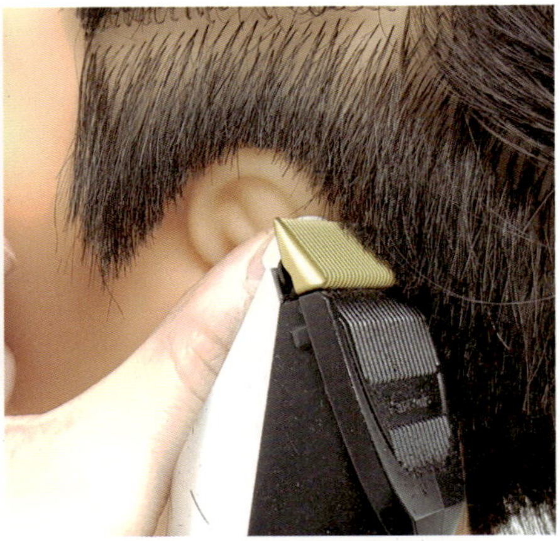
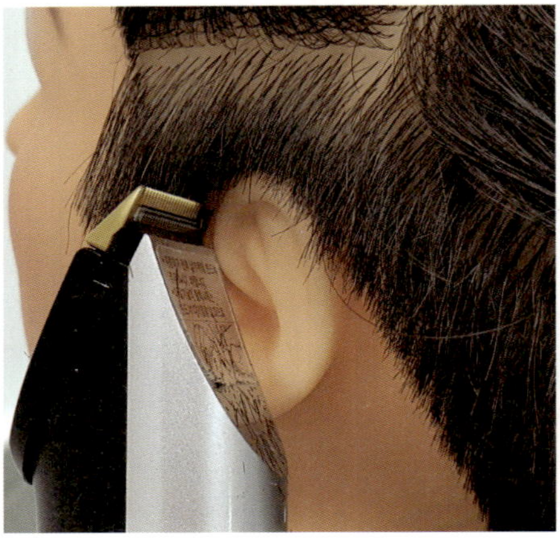

③ B.P 4~5cm 가이드 길이를 커트하고 B.N.M.P를 버티컬, 온 더 베이스로 연결하여 커트한다. 백 사이드 부분은 사이드 베이스로 커트하고 코너 정리한다.

④ G.P를 기점으로 V섹션을 나눈 후 G.P 7~8cm 가이드 길이를 커트한다.

⑤ G.P와 B.P를 버티컬, 온 더 베이스로 두상 시술각 80°로 연결하여 커트한다.

⑥ T.P 9~10cm 가이드 길이를 커트한 후 G.P와 연결하여 두상 시술각 80~90°, 피봇 섹션방사선 섹션, 온 더 베이스로 커트한다.

⑦ F.S.P에서 측중선까지 연결하여 섹션을 나누고 아래 클리퍼로 커트한 부분과 같은 20~30° 각도로 연결하여 커트한다.

⑧ 페이스 라인의 모발은 빗을 얼굴 방향으로 빗질하여 20~30°로 커트한다.

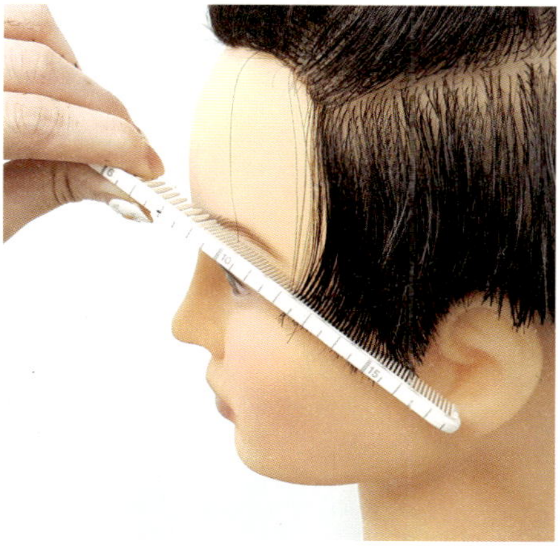

⑨ T.P 의 모발을 모두 앞으로 내려 빗질한다. 페이스 라인을 1~2cm로 섹션을 나눈 후 앞머리 가이드 길이 9~10cm를 커트한다.

⑩ T.P 와 C.P를 앞머리쪽부터 연결하여 두상 시술각 70~80°로 커트한다.

⑪ T.P 부분은 90°로 들어올려 커트하고 측두선 라인의 코너 정리를 한다.

⑫ 커트 완성 상태이다.

2. 30~40대 남성을 위한 커트 및 연출(중간 상고)

중간 상고

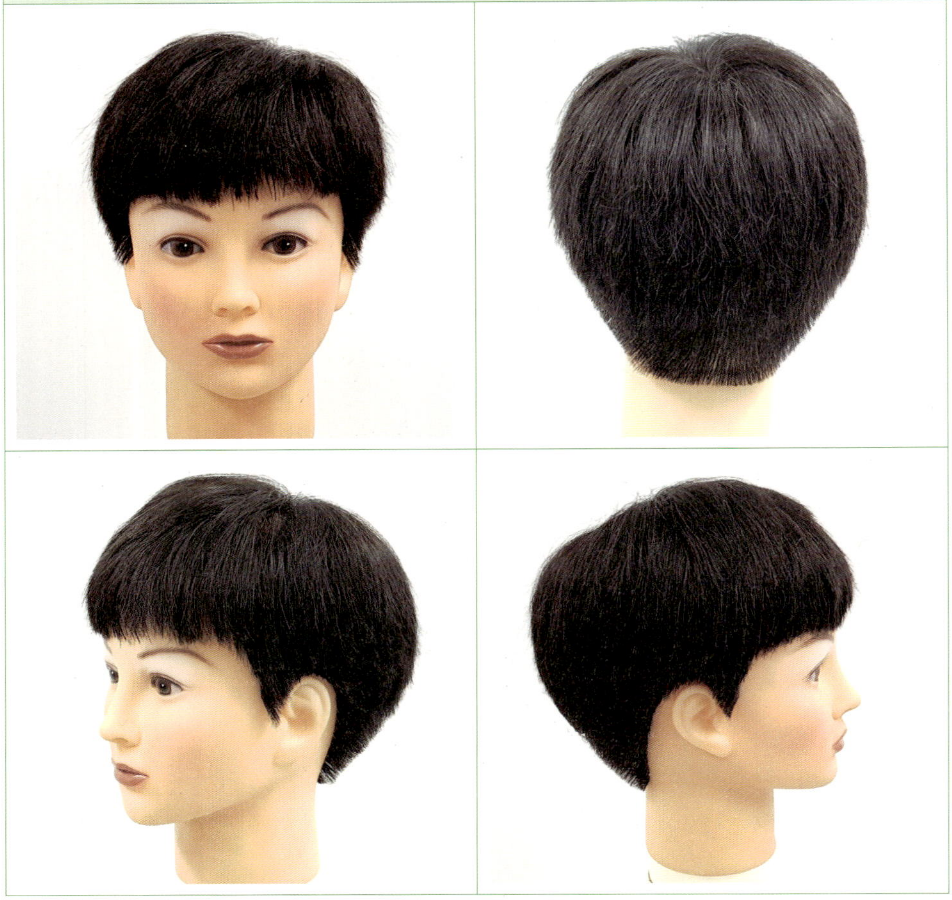

- C.P : 7~8cm, T.P 7~8cm, G.P 6~7cm, B.P 3~4cm N.P 0~1cm
- 네이프 후면 부분은 4~5cm, B.P까지 클리퍼를 사용하여 커트한다.
- 측두부옆머리 부분은 E.P에서 시작해서 위로 3~4cm손가락 3개 정도 중간 각도 40~50°로 올려 커트한다.
- 전두부앞머리 부분에 모발을 7cm~8cm 길이로 커트한다.

※ 도해도(30~40대 중간 상고)

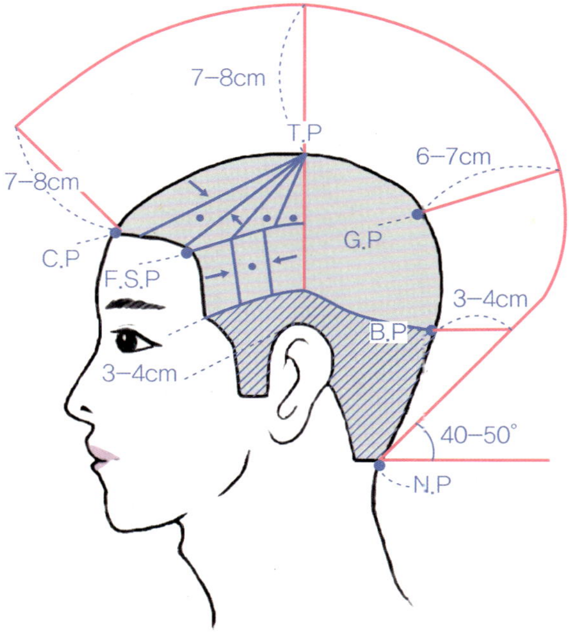

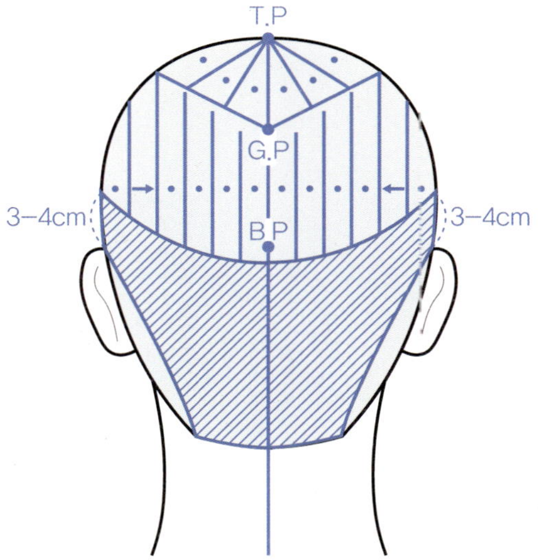

① E.P에서 3~4cm손가락 3개 위쪽으로 탄 섹션과 B.P를 연결하여 모발 블로킹을 한다.

② 자연 시술각 40~50°로 클리퍼를 이용하여 커트한다. 사이드와 백의 코너 부분도 정리하고 구렛나루 부분의 커트는 빗을 얼굴 앞쪽으로 빗질하여 각도 50°로 만들어 클리퍼로 커트해 준다.

③ G.P 4~5cm 가이드 길이를 커트하고 B. P를 버티컬, 온 더 베이스로 두상 시술각 80°로 연결하여 커트한다. 백 사이드 부분은 사이드 베이스로 커트하고 코너 정리한다.

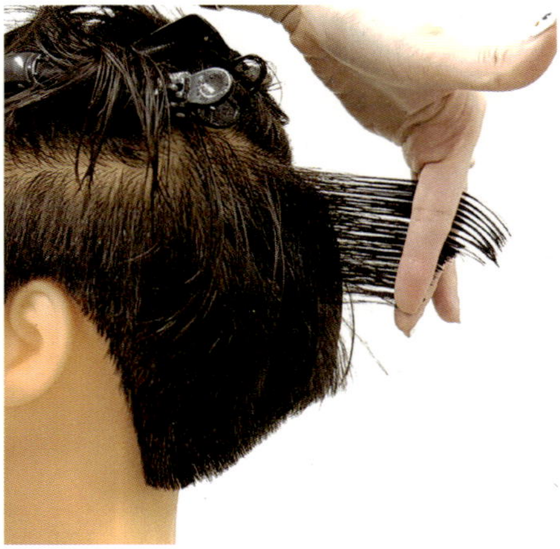

④ T.P 7~8cm 가이드 길이를 커트한 후 G.P와 연결하여 두상 시술각 80~90°, 피봇 섹션방사선 섹션으로 온 더 베이스로 커트한다.

⑤ F.S.P에서 측중선까지 연결하여 섹션을 나누고 아래 클리퍼로 커트한 부분과 같은 40~50° 각도로 연결하여 커트한다.

⑥ 페이스 라인의 모발은 빗을 얼굴 방향으로 빗질하여 40~50°로 커트한다.

⑦ T.P 의 모발을 모두 앞으로 내려 빗질한다. 페이스 라인을 1~2cm로 섹션을 나눈 후 앞머리 가이드 길이 7~8cm를 커트한다.

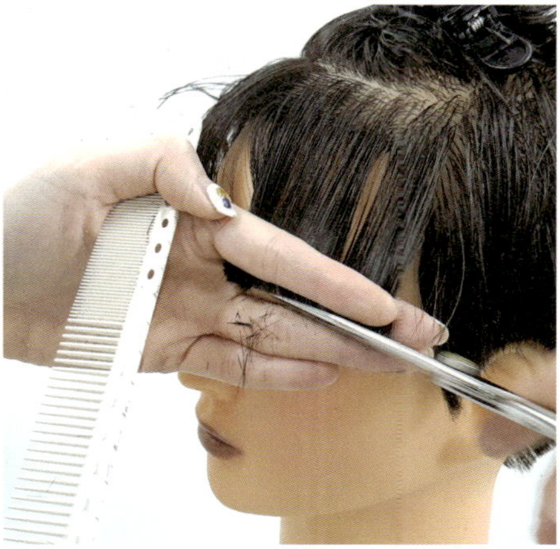

⑧ T.P 와 C.P를 앞머리쪽부터 연결하여 두상 시술각 70~80°로 커트한다.

⑨ T.P 부분은 90°로 들어올려 커트하고 측두선 라인의 코너 정리를 한다.

⑩ 커트 완성 상태이다.

3. 10~20대 남성을 위한 커트 및 연출(높은 상고)

높은상고

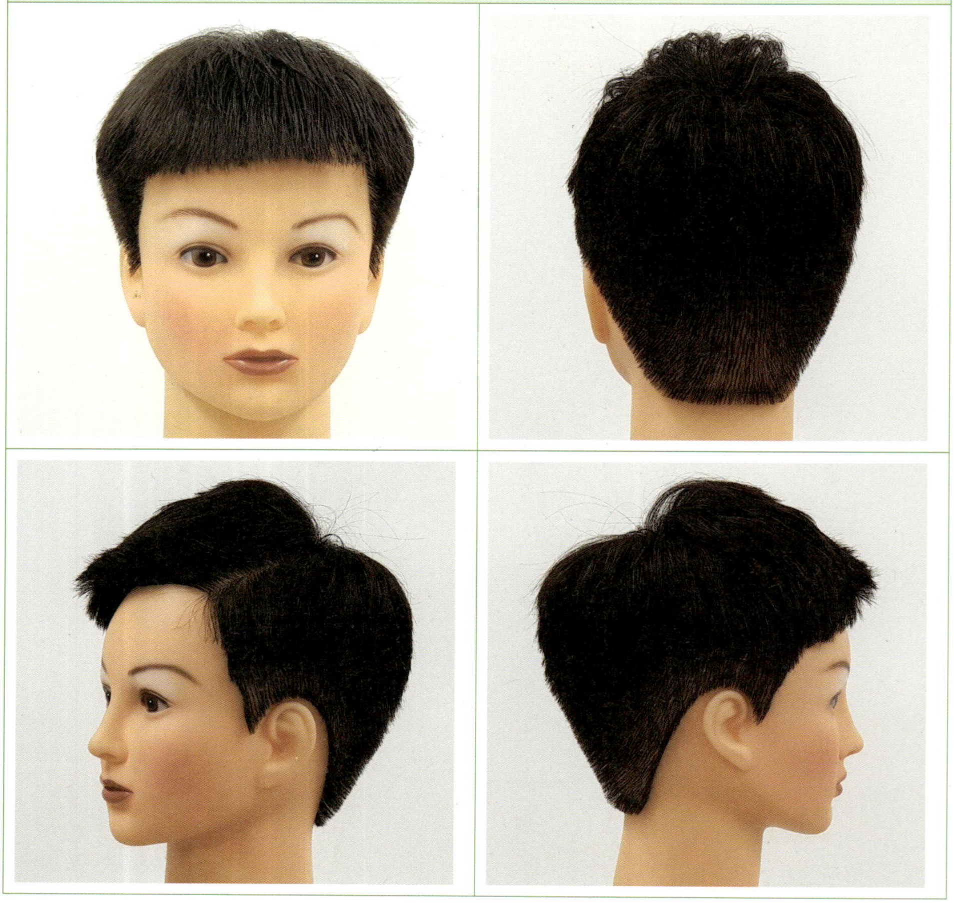

- C.P 5~6cm, T.P 5~6cm, G.P 3~4cm, B.P 1~2cm N.P 0~1cm
- 네이프 후면 부분은 3~4cm, G.B.M.P까지 클리퍼를 사용하여 커트한다
- 측두부옆머리 부분은 E.P에서 시작해서 위로 4~5cm손가락 4개 정도 높은 각도 60~70°로 올려 커트한다.
- 전두부앞머리 부분에 모발을 5cm~6cm길이로 커트한다.

※ 도해도(10~20대 높은 상고)

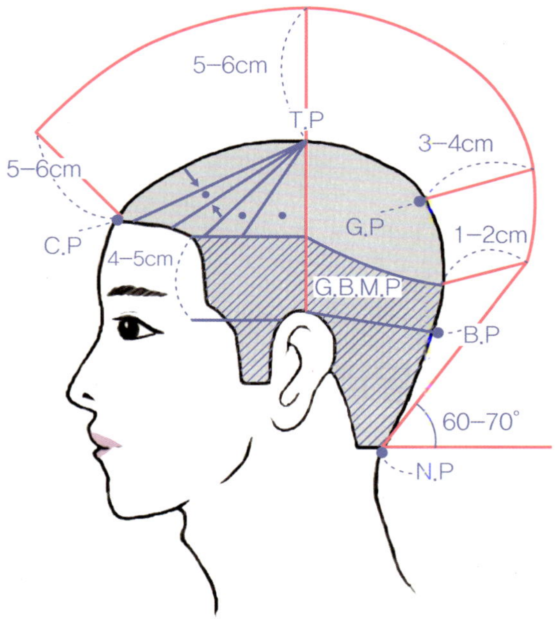

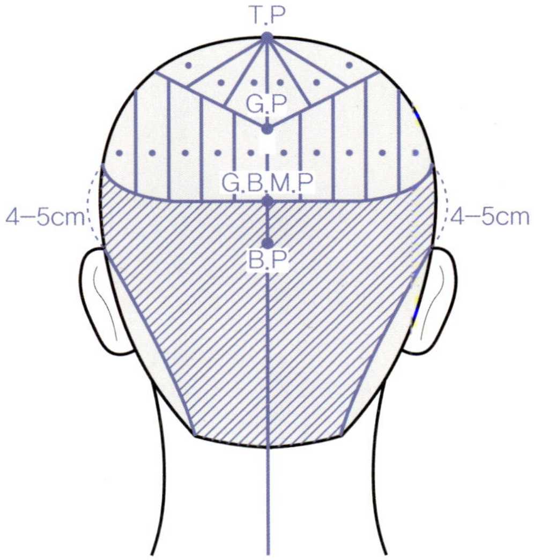

① E.P에서 4~5cm손가락 4개 위쪽으로 탄 섹션과 G.B.M.P를 연결하여 모발 블로킹을 한다.

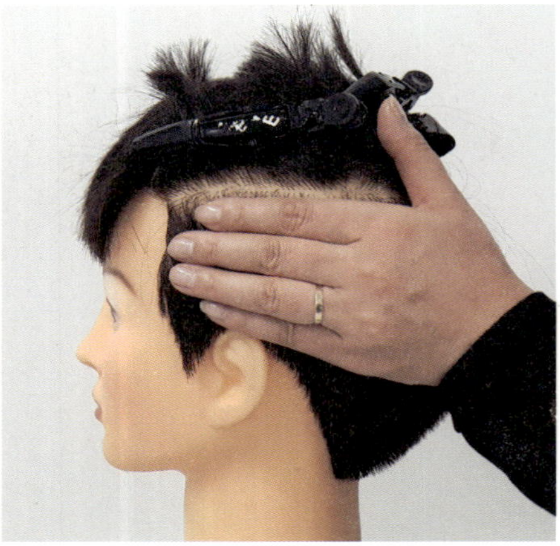

② 자연 시술각 60~70°로 클리퍼를 이용하여 커트한다. 사이드와 백의 코너 부분도 정리하고 구렛나루 부분의 커트는 빗을 얼굴 앞쪽으로 빗질하여 각도 70도로 만들어 클리퍼로 커트해 준다.

③ G.P 3~4cm 가이드 길이를 커트하고 G.B.M.P를 버티컬, 온 더 베이스로 두상 시술각 80°로 연결하여 커트한다. 백 사이드 부분은 사이드 베이스로 커트하고 코너 정리한다.

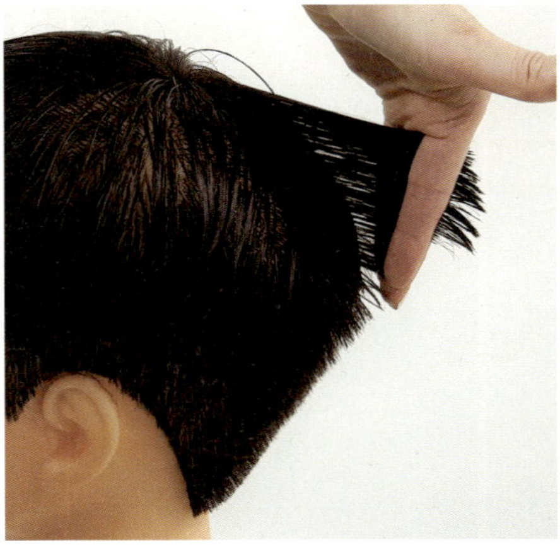

④ T.P 5~6cm 가이드 길이를 커트한 후 G.P와 연결하여 두상 시술각 80~90°, 피봇 섹션방사선 섹션으로 온 더 베이스로 커트한다.

⑤ 사이드 페이스 라인의 모발은 빗을 얼굴 방향으로 빗질하여 60~70°로 커트한다.

⑥ T.P 의 모발을 모두 앞으로 내려 빗질한다. 페이스 라인을 1~2cm로 섹션을 나눈 후 앞머리 가이드 길이 5~6cm를 커트한다.

⑦ T.P 와 C.P를 앞머리쪽부터 연결하여 두상 시술각 70~80도로 커트한다.

⑧ T.P 부분은 90도로 들어올려 커트하고 측두선 라인의 코너 정리를 한다.

⑨ 커트 완성 상태이다.

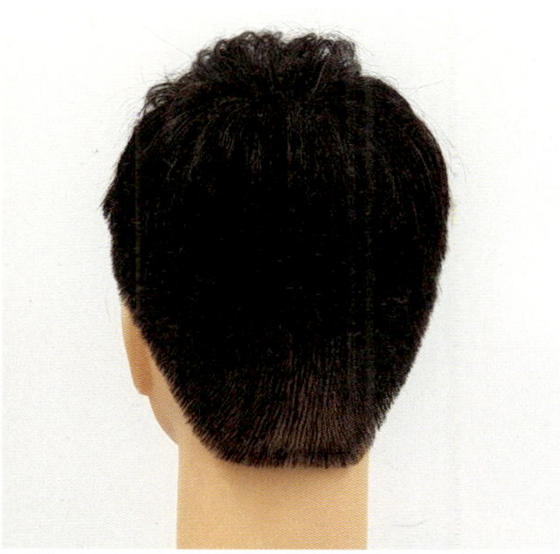

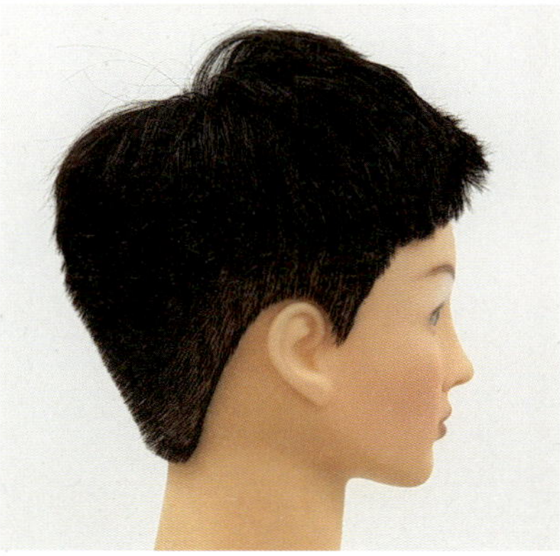

4. 스포츠 커트 및 연출

(1) 스퀘어 스포츠

(2) 라운드 스포츠

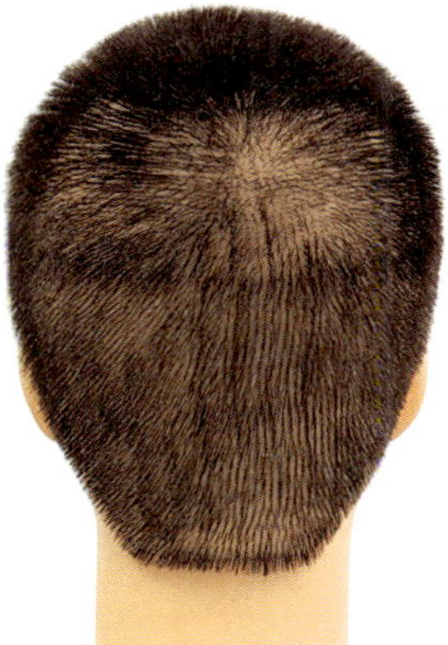

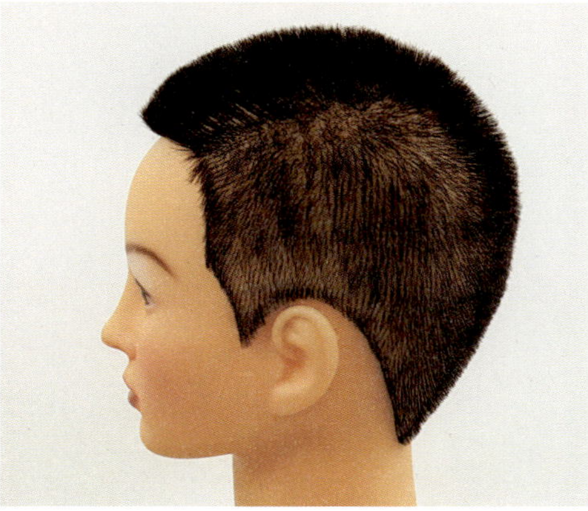

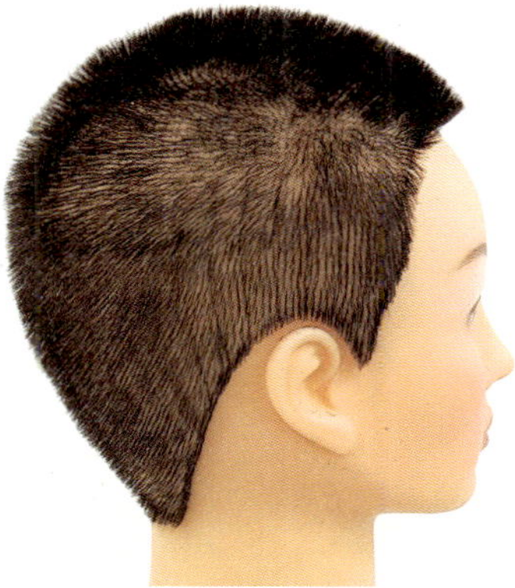

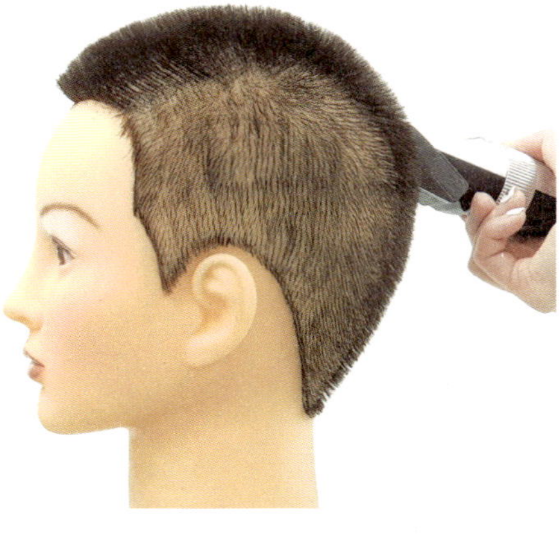

평가표

학습 내용	학습 목표	학생 평가 상	학생 평가 중	학생 평가 하	교수 평가 상	교수 평가 중	교수 평가 하
50~60대 (낮은 상고)	낮은 상고 커트 각도를 이해할 수 있다.						
	도해도를 파악할 수 있다.						
	50~60대 커트를 할 수 있다.						
30~40대 (중간 상고)	중간 상고 커트 각도를 이해할 수 있다.						
	도해도를 파악할 수 있다.						
	30~40대 커트를 할 수 있다.						
10-20대 (높은 상고)	높은 상고 커트 각도를 이해할 수 있다.						
	도해도를 파악할 수 있다.						
	10~20대 커트를 할 수 있다.						
스퀘어 스포츠	스퀘어스포츠 각도를 이해할 수 있다.						
	스퀘어스포츠 커트를 할 수 있다.						
라운드 스포츠	라운드스포츠 각도를 이해할 수 있다.						
	라운드스포츠 커트를 할 수 있다.						

서술형 시험

학습 내용	학습 목표	성취 수준		
		상	중	하
50~60대 (낮은 상고)	낮은 상고 커트 각도를 이해할 수 있다.			
	도해도를 파악할 수 있다.			
	50~60대 커트를 할 수 있다.			
30~40대 (중간 상고)	중간 상고 커트 각도를 이해할 수 있다.			
	도해도를 파악할 수 있다.			
	30~40대 커트를 할 수 있다.			
10-20대 (높은 상고)	높은 상고 커트 각도를 이해할 수 있다.			
	도해도를 파악할 수 있다.			
	10~20대 커트를 할 수 있다.			
스퀘어 스포츠	스퀘어스포츠 각도를 이해할 수 있다.			
	스퀘어스포츠 커트를 할 수 있다.			
라운드 스포츠	라운드스포츠 각도를 이해할 수 있다.			
	라운드스포츠 커트를 할 수 있다.			

[과제 1] 50~60대를 위한 헤어 커트 및 스타일링을 연출해 보자.	
주제	
날짜	
도해도	

시술설명		
시술과정 사진부착	정면	뒤
	좌	우

[과제 2] 30~40대를 위한 헤어 커트 및 스타일링을 연출해 보자.

주제	
날짜	
도해도	

<table>
<tr><td>시술설명</td><td colspan="2"></td></tr>
<tr><td rowspan="4">시술과정
사진부착</td><td>정면</td><td>뒤</td></tr>
<tr><td></td><td></td></tr>
<tr><td>좌</td><td>우</td></tr>
<tr><td></td><td></td></tr>
</table>

[과제 3] 10~20대를 위한 헤어 커트 및 스타일링을 연출해 보자.

주제	
날짜	
도해도	

시술설명	
시술과정 사진부착	

정면	뒤
좌	**우**

[과제 4] 스퀘어 스포츠 커트 및 스타일링을 연출해 보자	
주제	
날짜	
도해도	

시술설명	
시술과정 사진부착	정면 / 뒤 / 좌 / 우

정면	뒤
좌	우

Memo

Chapter 6

개성있는 트렌드 커트

1. 남성 트렌드 헤어 커트의 종류
2. 트렌드 커트 연출법 따라하기

6. 개성있는 트렌드 커트

학습 목표

- 트렌드 남성 커트의 종류를 이해할 수 있다.
- 댄디 스타일을 완성할 수 있다.
- 투블럭 스타일을 완성할 수 있다.
- 모히칸 스타일을 완성할 수 있다.
- 쉼표 스타일을 완성할 수 있다.

1. 남성 트렌드 커트의 종류

(1) 댄디 스타일

앞머리는 무거운 느낌으로 라인을 잡아주고 모발의 끝부분 위주로 질감 처리를 하여 차분하면서도 깔끔한 스타일의 커트이다. 튀지 않고 단정하게 멋을 살릴 수 있는 귀족풍의 헤어스타일로 가벼움 속에서 무거움이 느껴지는 것이 포인트이다. 댄디한 느낌과 디스커넥션 테크닉을 사용하여 캐주얼한 느낌을 연출하는 커트이다.

뒷머리는 클리퍼사용을 최소화하고 가위를 사용하여 너무짧지 않은 느낌으로 커트한다. 귀가 보이게 가위로 깔끔하게 정리하고 윗머리는 살짝 들어올려 층이 나게 커트하는데 앞머리는 앞으로 내려서 빗질한 후 블런트로 커트하고 방사선 섹션으로 다시 나누어 포인팅기법으로 커트하여 무게감을 줄여준다.

(2) 투블럭 스타일

디스커넥션 커트 또는 블록 커트라고 말한다. 두 개의 블록을 나누어 옆머리 라이는 짧게 커트하고 윗머리 부분은 길게 남겨두는 스타일이다.

투블럭을 할 라인을 핀셋으로 나누어 준다. 프론트 사이드 포인트 부분과 뒤쪽은 골덴 백 미디움 포인트 부분을 기준으로 나눠서 핀셋으로 고정한 뒤 언더존은 클리퍼를 사용하여 짧게 커트한다. 윗부분은 가위를 사용하여 가르마를 타거나 앞으로 내려 커트해 준다.

(3) 모히칸 스타일

중앙 라인의 모발은 길게 남겨두고 옆 부분은 짧게 커트하는 스타일로 앞머리와 옆머리가 짧고 탑이나 가마 부분으로 올라갈수록 점점 길어지게 커트하는 스타일이다. 닭 벼슬처럼 중앙의 형태선이 만들어지고 현재 연예인들이나 개성있는 일반인들이 많이 하고 있는 커트이다.

클리퍼나 가위를 사용하여 사이드와 백을 짧게 커트한다. 탑 부분은 고깔 모자를 쓴 이미지를 생각하며 얼굴 중앙선으로 갈수록 길이를 길게 자른다. 모든 커트가 연결이 가능하도록 빗의 각도를 이용하여 커트한다.

(4) 쉼표休 스타일

스트레스가 많은 현대사회에 현실 극복을 위해 스스로의 삶을 위한 필수에너지를 커트에 접목하고자 "휴"커트로 라고 명명한 커트이다. 이마를 전부 보이지 않고 반 정도만 보이도록 쉼표 모양으로 스타일링을 한다.

U자 섹션(프론트 사이드 포인트에서 골덴 포인트를 지나 다시 프론트 사이드 포인트까지 연결되는 둥근 섹션)을 나누어 핀셋으로 고정한다. 아랫 부분과 사이드는 각도를 50~60° 정도로 들어 클리퍼를 이용하여 커트해 준다. 앞머리는 좌측과 우측 중 어느 부분을 길게 할지 정하여 길게 할 부분의 반대편 프론트 사이드 포인트를 중심으로 빗질을 나누어 해준다.

※ 스타일링시 앞가르마 탄 부분(프론트 사이드 포인트)을 중심으로 짧은 부분은 단정하게 내려서 손질하고 긴 부분은 쉼표처럼 반원형의 모양을 만들어 스타일링 해준다.

(5) 페이드 스타일

페이드 커트는 한국에서 상고머리 스타일과 가르마 머리 스타일로 많이 활용되는 커트이며, 일반적으로 포마드 머리로 많이 알고 있는 스타일이다. 요즘에는 바버샵에서 페이트 컷으로 많이 시술되고 있는 스타일이다.

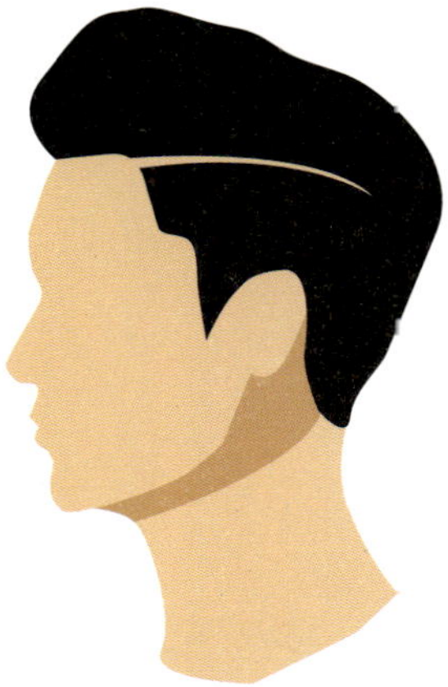

(6) 스크래치

남성 헤어스타일에서 반삭이나 삭발된 모발에 최대한 두피 가까이 하여 긁어내듯 선이나 기호·문자·숫자 등을 새겨 넣는 것이다. 3, 6, 9, 12 mm로 반삭을 하고 포인트를 주고 싶은 곳에 스크래치 클리퍼나 가위로 포인트를 넣어주는 스타일이다. 보통 6mm가 스크래치 느낌을 살리는데 가장 효과적이다.

원하는 모양에 맞추어 섹션을 나누고 핀셋으로 깔끔하게 고정한다. 작은 클리퍼를 사용하면 세세하고 작은 모양을 표현하기에 용이하고 큰 클리퍼를 사용할 시에는 빗을 대고 직선 느낌의 스크래치를 표현하기에 더 용이하다.

(7) 어시매트리 스타일

좌·우 비대칭적인 개성있는 스타일 커트이다. 좌측을 짧게 하고 우측을 길게 하거나, 우측을 짧게 하고 좌측을 길게 하는 스타일로 둥근 얼굴형이나 사각 얼굴형에 잘 어울린다.

(8) 인디 스타일

앞머리와 옆머리가 짧은 인디풍의 언밸런스 스타일의 커트이다. 앞머리와 옆머리를 극단적으로 짧게 잘라주고 탑이나 가르마로 올라갈수록 점점 길어지게 잘라주는 것이 포인트이다. 뒷머리는 길게 남겨두는 것이 좋다. 인디컷은 모히칸과는 다르게 앞머리만 짧고 다른쪽은 길다. 가볍고 모던한 스타일로 누구나 쉽게 손질이 가능하다.

옆머리와 앞머리는 클리퍼를 사용하여 두상에 밀착하듯이 짧게 커트한다. 점점 윗머리로 갈수록 백포인트 부분으로 갈수록 길게 가위를 사용하여 커트한다.

(9) 레고 스타일

층이 없이 앞머리 라인을 일자로 커트한 스타일로 전체적인 라인을 일자로 잘라주는 스타일이다. 앞에서부터 뒤까지 모든 끝 라인은 일자 느낌이 나야 되는 것이 포인트이다. 머쉬룸 커트와 레고 커트 모두 같은 느낌이다. 라인을 제외한 부분은 굳이 층이 없게 하기보다 층이 있거나 질감 처리가 들어가도 된다.

모발을 모류의 방향대로 빗질을 해준다. 가위나 클리퍼를 사용하여 자연각도 0°로 라인을 모두 연결되게 커트해준다.

(10) 샤기 스타일

모발 끝을 일률적인 길이로 자르지 않고 불규칙하게 커트함으로서 보다 움직임이 있으며, 모발 끝을 최대한 가볍게 질감처리 해주는 커트이다. 모발 끝 라인을 불규칙하게 라인이 없고 가볍게 처리해주는 것이 포인트이다.

틴닝 가위를 사용하여 불규칙하게 커트를 해주면 된다. 섹션을 나누지 않고 손으로 어림잡아 가볍게 디자인하고 싶은 부분을 균일하지 않게 처리하거나 모발 중간 부분이나 끝 부분을 위주로 커트한다.

(11) 울프 스타일

탑 부분에서부터 심하게 층이 진 커트이고, 야성적이고 터프한 이미지를 풍기는 스타일의 커트이다. 언더존과 오버존으로 나누었을 때 언더존은 최대한 기장을 길게 하고 오버존은 최대한 짧게 잘라서 볼륨을 살려주는 스타일이다. 라인의 가벼움과 탑의 질감 처리로 가벼운 볼륨을 살려주는 것이 포인트이다. 언더와 오버의 비대칭 커트라고도 할 수 있다.

섹션을 좌측 프론트 사이드 포인트에서 골덴 포인트, 우측 프론트 사이드 포인트까지 연결하여 위쪽과 아래 부분을 나누어 놓는다. 아래 부분은 길게 늘어뜨리듯 커트하고 위쪽 부분은 볼륨이 살도록 두상 각도로 90°나 120°로 들어서 짧게 잘라준다. 위쪽 부분과 아래 부분을 연결시켜서 포인팅으로 커트한다.

(12) 레이저 스타일

모발의 끝을 가볍고 가늘게 하기 위해 레쟈를 이용하는 커트이다. 커트를 할 때 가위 대신 레쟈을 사용하는 스타일이다. 모발 끝이 테이퍼링되어 아주 가볍게 느껴지며, 가벼운 끝 라인 연출이 가능한 커트로 질감처리 하기가 쉽다. 단점은 레이저의 칼날로 인해 모발 끝이 갈라지는 경우가 있다.

젖은 머리에 세로 섹션을 나누고 위에서 아래 방향으로 레쟈를 사용하여 커트한다. 섹션의 크기는 넓게 잡지 않고 끝에 머리가 남도록, 다 커트되지 않도록 주의하며 커트하여 준다.

(13) 스파이키 스타일

머리에 날카로움을 주어 못 같은 이미지를 주는 커트로 스파이크 바닥이나 못을 거꾸로 세워둔 듯한 느낌이다. 또한 끝 모발을 삐죽삐죽하게 잘라주는 것이 포인트이다.

고슴도치 같이 삐죽삐죽한 모양으로 커트를 한다. 블런트 가위를 사용할 시엔 가위를 세로로 세워서 포인팅 기법으로 커트하고 틴닝을 사용하여 끝머리를 가볍게 처리한다.

2. 트렌드 커트 연출법 따라하기

1. 댄디 스타일

댄디 커트 완성	
앞	뒤
	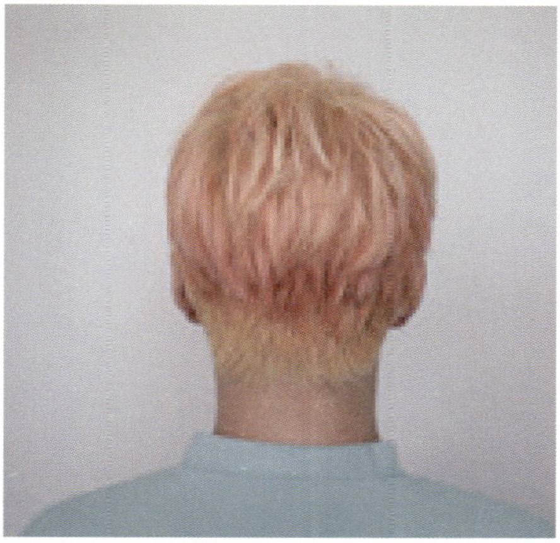
좌	우

(1) 커트 시술 방법

① 빗질을 하고 파팅을 나눈다.

② 사이드 부분을 기준으로 시작하며, S.C.P 에서 F.S.P까지 버티컬 섹션으로 당기며 시술하고 특히 S.C.P의 부분은 사이드 부분의 길이를 결정하는 부분으로 적당한 길이를 선정한 다음 커트한다.

③ ~ ④ E.B.P 와 N.S.P 는 사선다이에그널섹션으로 피봇 섹션으로 커트한다. 핀을 고정시키지 않더라도 자연스럽게 커트해 나갈 수 있게 패널을 잡고 뒤로 당기듯이 계속적으로 작업해 간다. 그리고 파팅선을 긋는것을 할 때 핀셋으로 많이 하는데 파팅은 아주 짧은 머리가 아니면 되도록 빗을 사용하여 선을 긋는 연습을 한다.

⑤ ~ ⑥ 네이프는 가위 커트를 통해 좀더 길이 조절을 한다.

⑦ 사이드 라인과 네이프 라인의 가위 커트 작업으로 특히 E.P 부분은 중지로 귀위를 잡아준 상태에서 라인을 정리하는 동작인데, 이때 중지의 역할은 귀에 상처나지 않게 보호하는 역할을 하므로 잘 기억해 둔다.

⑧ S.C.P , N.S.P 라인도 선명하게 잡아준다.

⑨ T.P 중심으로 탑 부분의 가이드를 사이드로 진행하면서 파팅은 방사선 섹션으로 차례 차례 커트해 나가고 이때 각도는 헤드 앵글두피각도 90°이다. 페이스라인으로 진행하고 약간씩 뒤로 당기면서 사이드나 프리베이스로 연결해간다.

⑩ ~ ⑫ C.P 설정은 T.P와 C.P의 기준선을 잡은 다음 빗질한 모발을 그대로 위로 빗겨 두피 90°로 평행하게 커트한다. 최초 가이드에서 얼마만큼 시술해야만 되느냐는 탑 모발의 커트 되어질 길이를 먼저 떨어뜨려 간격을 확인한 다음 시술해 들어간다.

⑬ ~ ⑭ 프린지앞머리의 길이를 얼굴 라인으로 모아 끝부부만 제거하면 된다.

⑮ 전체적인 체크 라인으로 볼륨감을 중심으로 T.P , G.P 를 체크하고 부족한 부분을 커트해준다.

댄디 커트 시술과정

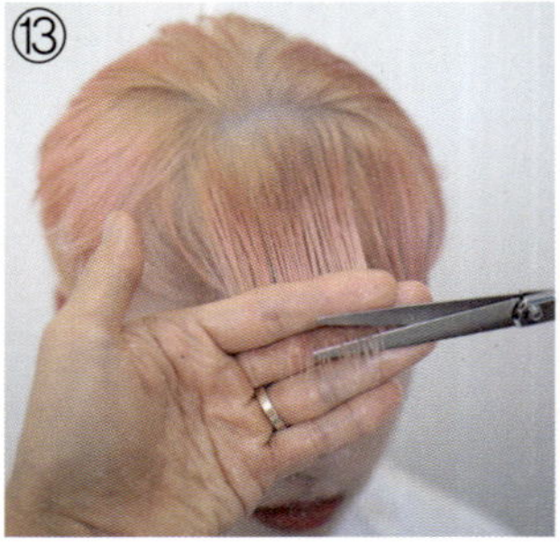

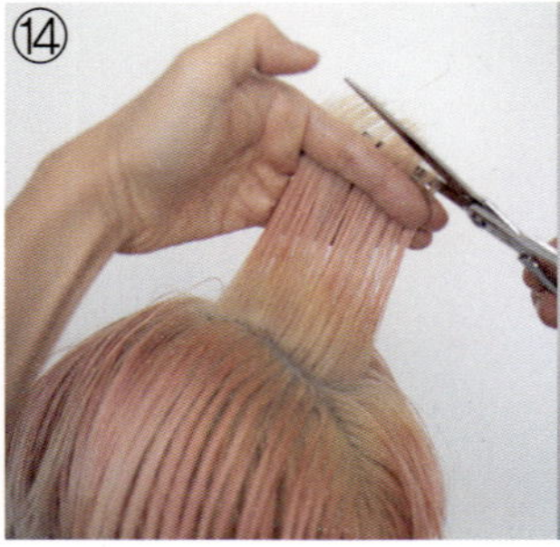

(2) 댄디 헤어스타일링 연출 방법

댄디 헤어스타일링 완성	
앞	뒤
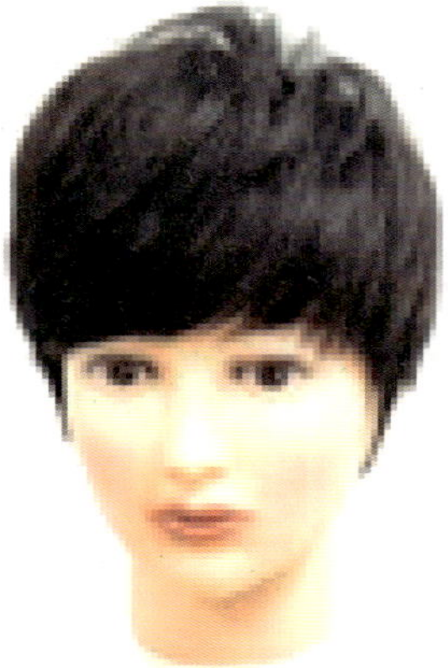	
좌	우

2. 투블럭 스타일

투블럭 커트 완성	
앞	뒤
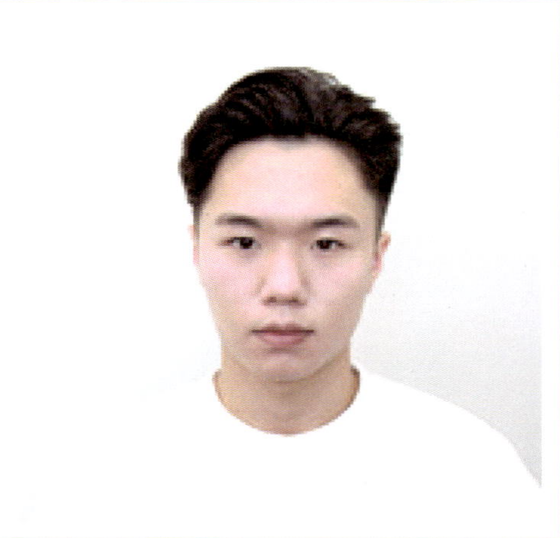	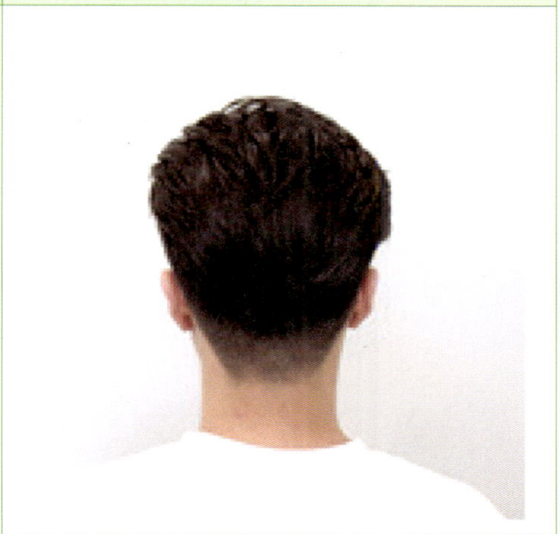
좌	우
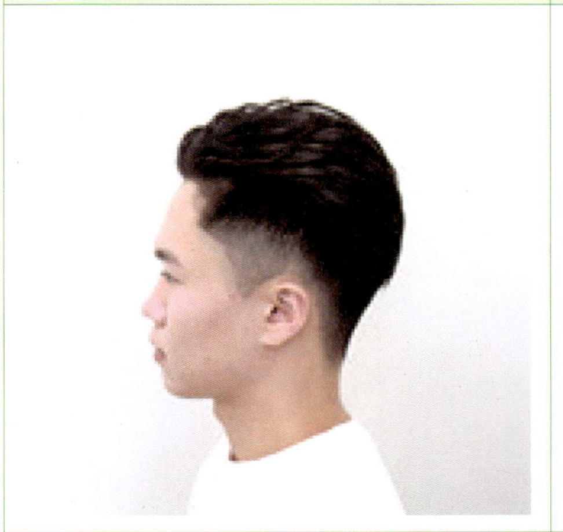	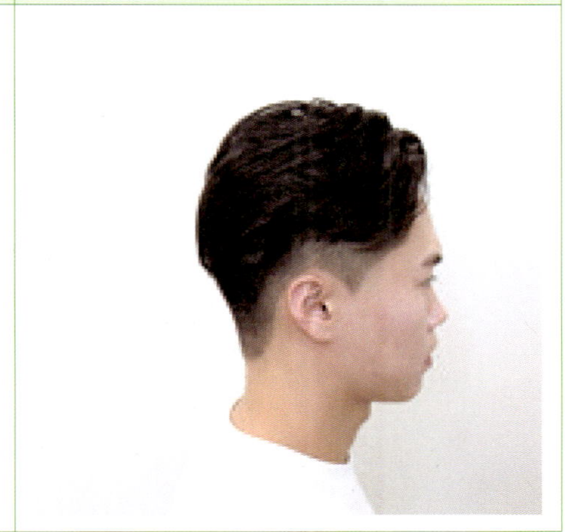

(1) 투블럭 커트 시술 방법

① ~ ② 섹션은 A.B라 칭하고

A는 F.S.P좌측 ~C.T.M.P~ F.S.P우측 = 프린지Fringe 앞머리

B는 F.S.P좌측 ~G.B.M.P~ F.S.P우측 = 리셋션 에어리어Recession Area : 양쪽 이마에서 움푹 들어간 부분 두 섹션을 나누어 시작한다.

④ ~ ⑥ 가이드의 시작은 사진과 같이 S.P을 중심으로 시작하여 3mm로 사이드 라인의 리셋션 부분까지 세로로 연결해간다

⑦ ~ ⑫ 10mm로 그다음 그라데이션을 연결해 준다.

⑬ ~ ⑮ 빗을 세워 클리퍼와 함께 움직여주며 S.P, B.P를 연결해 준다.

⑯ 트리머로 S.C.P, N.S.C.P 라인도 선명하게 잡아 준다.

⑰ 사이드는 옆선에 연결하여 자연스럽게 진행하고 아우트라인의 길이 결정은 먼저 0°로 내려 커트 후 다시 60°로 들어 층을 주면 된다.

⑱ 사이드는 0°로 깔끔하게 정리해 준다.

⑲ ~ ㉒ 파팅은 U라인측두선을 따로 구분하고 G.P에서 B.P로 내려오면서 커트하는데, 이때 사진과 같이 빗을 평행하게 세운 부분보다 위에 절반 들어 준 상태 즉, 업 스텝 45°로 하고 손가락의 각도도 45° 와 평행하게 하고 커트해 나간다.

㉓ ~ ㉔ 앞머리는 대칭각을 잡아주며 커트한다.

㉕ ~ ㉗ 앞머리는 T.P의 기준선을 중심으로 하여 직각으로 길이를 결정하고 기준 가이드를 중심으로 우측 라인을 방사선 섹션으로 파팅하면서 윗선은 두피 각도 90°에 사이드 라인은 자연각도 90°로 만들어주면서 진행한다.

투블럭 커트 시술과정

①

②

③

④

⑤

⑥

⑦

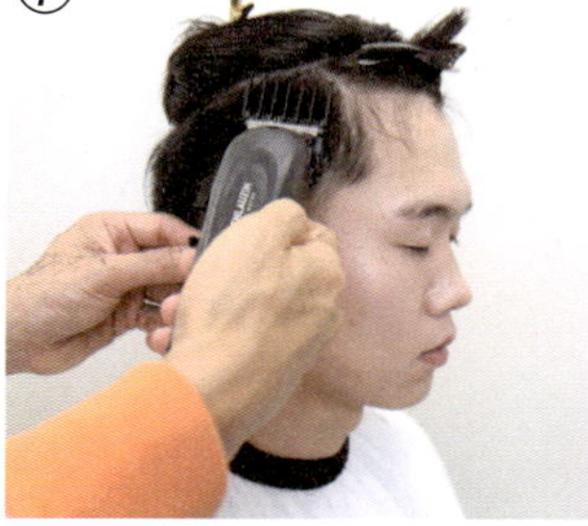

⑧

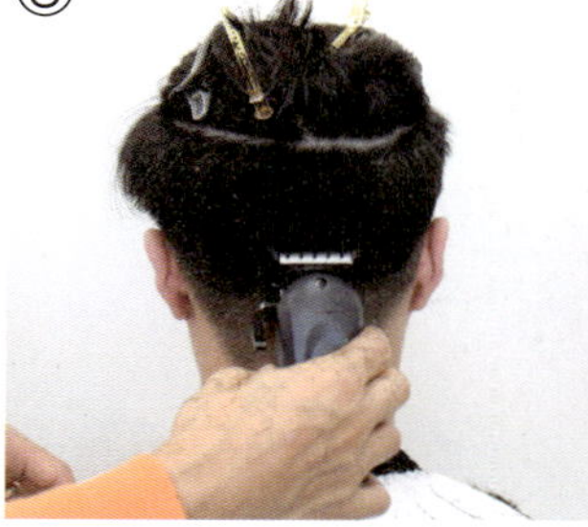

⑨

⑩

⑪

⑫

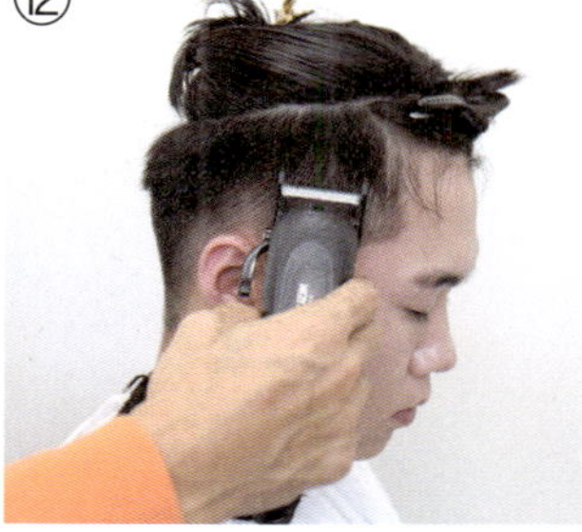

⑬

⑭

⑮

⑯

⑰

⑱

⑲

⑳

㉑

㉒

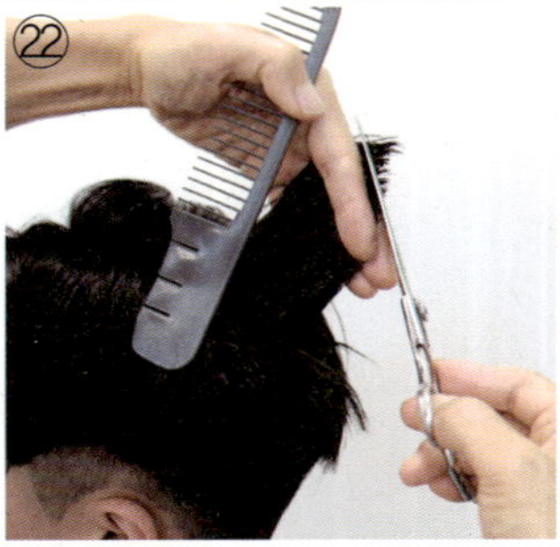

㉓

㉔

㉕

㉖

㉗

(2) 투블럭 포마드 스타일링 연출 방법

투블럭 포머드 스타일링 완성	
앞	뒤

좌	우

① 가르마 방향에 따라 볼륨이 필요한 부분에 볼륨감을 준다.

② 볼륨감과 방향을 주기 위해 롤을 이용한다.

③ 원하는 방향으로 롤을 감싸서 드라이 후 자연스럽게 방향감을 주면서 롤을 빼준다.

④ ~ ⑤ 볼륨감이 필요한 탑 부분은 90° 각도 이상으로 롤을 말아서 드라이 해준다. 주변 머리와 연결하여 드라이를 마무리 해준다.

⑥ 옆머리는 뜨지 않도록 뿌리부터 드라이 바람을 준다.

⑦ 전체적으로 왁스를 도포하여 형태를 잡아주고 옆머리 부분은 스틱 왁스로 모발이 뜨지 않도록 가볍게 눌러 주면서 스타일링한다.

⑧ 볼륨감이 필요한 부분은 손으로 가볍게 볼륨을 주어 뿌리에 스프레이를 분사한다. 스프레이로 전체적으로 고정을 시키며 마무리한다.

투블럭 포머드 스타일링 연출방법

(3) 투블럭 리젠트 스타일링 연출 방법

투블럭 리젠트 스타일링 완성	
앞	뒤
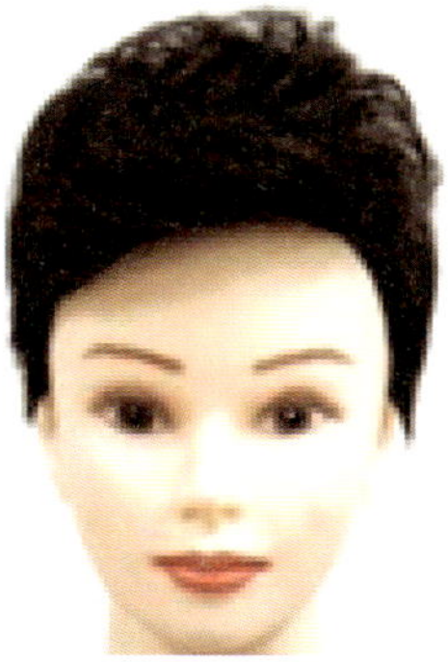	
좌	우

① 탑 부분 볼륨이 생길 수 있도록 드라이 한다. 롤의 방향은 포워드이다.

② ~ ③ 앞머리는 위쪽으로 향하도록 드라이 한다. 롤의 방향은 리버즈이다.

④ 앞머리와 사이드 부분 모발을 연결하여 드라이 한다.

⑤ 사이 옆머리는 뜨지 않도록 롤을 굴려 눌러주는 작업을 한다.

⑥ 전두부와 사이드와 연결될 수 있도록 백 부분에 볼륨감을 연결 한다.

⑦ ~ ⑧ 왁스를 사용하여 전체적인 틀과 디자인을 만들어 낸 후 스프레이로 세심하게 고정시킨다.

⑨ 사이드 머리는 뜨지 않도록 스틱 왁스를 사용하여 눌러주는 작업을 한다.

⑩ ~ ⑪ 전체적으로 스타일링을 고정시키며 마무리한다.

투블럭 리젠트 스타일링 연출방법

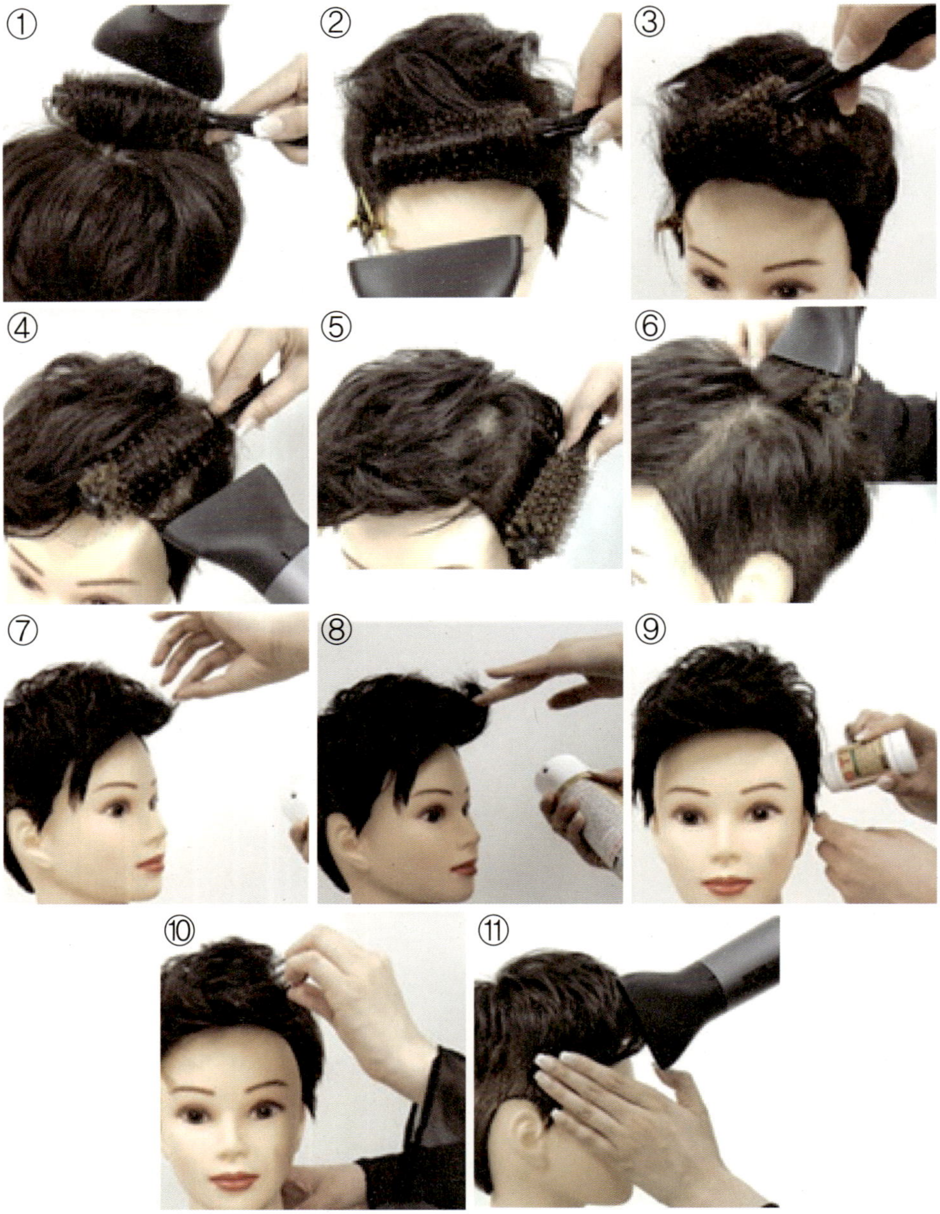

3. 모히칸 스타일

(1) 모히칸 커트 시술 방법

모히칸 커트 완성	
앞	뒤
	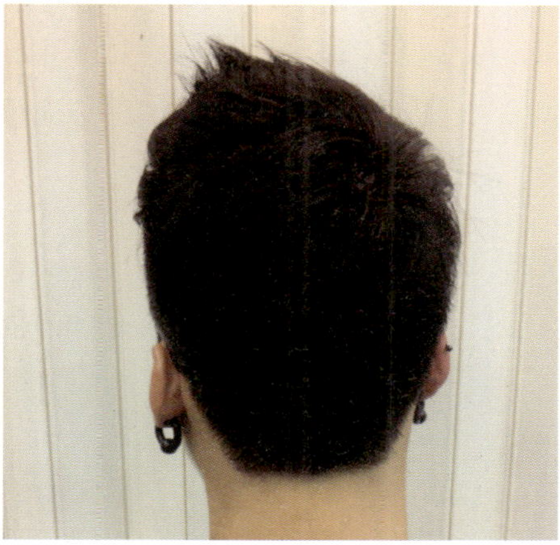
좌	우

① U자 섹션프론트 사이드 포인트에서 골덴 포인트를 지나 다시 프론트 사이드 포인트까지 연결되는 둥근 섹션을 나누어 핀셋으로 고정한다.

② 아랫 부분과 사이드는 각도를 60~70° 정도로 들어 클리퍼를 이용하여 커트해 준다.

③ 피봇 섹션으로 백 부분을 두상에서 90°로 들어 볼륨감이 있도록 커트한다.

④ 앞머리는 머리를 들어 올렸을 때 센터라인을 중심으로 가장 길게 남기고 프론트 사이트 포인트의 사이드 커트한 아랫 부분과 연결하여 위로 갈수록 길게 커트해 준다.

⑤ 센터 포인트와 탑 포인트를 중심라인으로 길게 가이드를 먼저 커트해 주고 앞에서 보았을 때 이등변 삼각형이 되도록 손의 각도를 잡아주면 된다.

⑥ 클리퍼를 사용하여 헤어라인을 깔끔하게 정리해 준다.

※ 스타일링 시 손에 왁스를 바르고 손바닥으로 문지른 뒤 사이드에서 탑으로 올라가게 스타일링 해준다.

모히칸 커트 시술과정

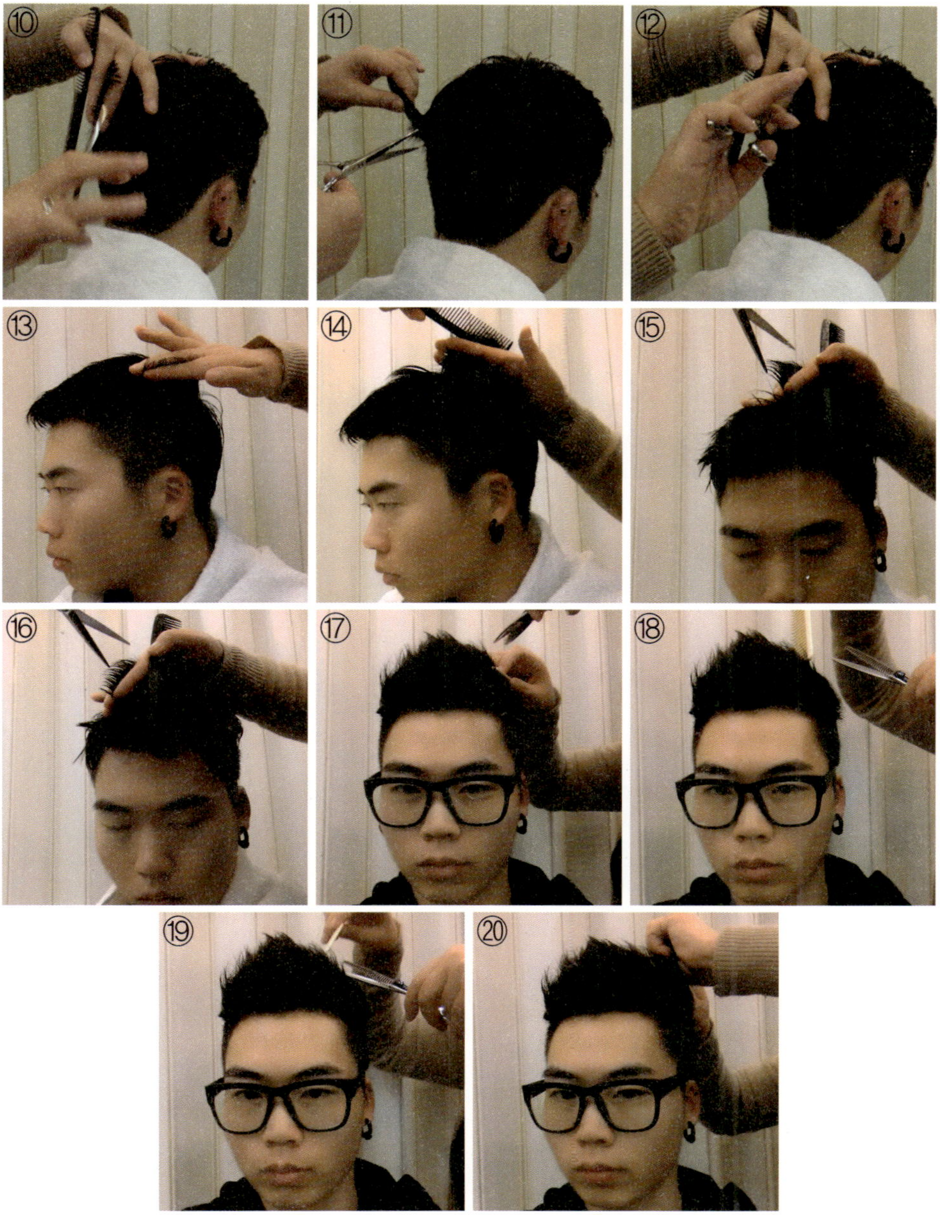
⑩
⑪
⑫
⑬
⑭
⑮
⑯
⑰
⑱
⑲
⑳

(2) 모히칸 스타일링 연출 방법

모히칸 스타일링 완성	
앞	뒤
	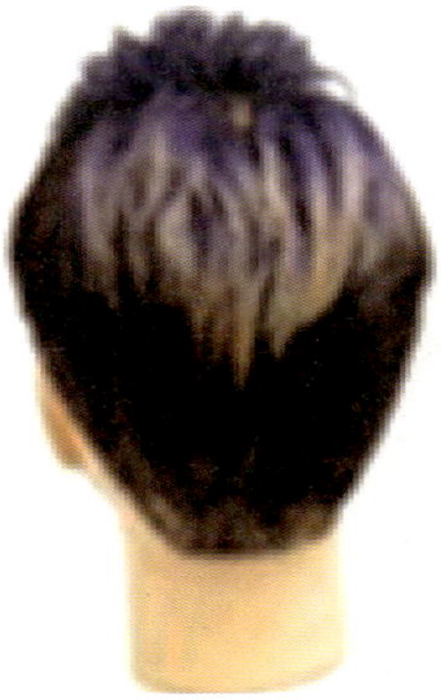
좌	우
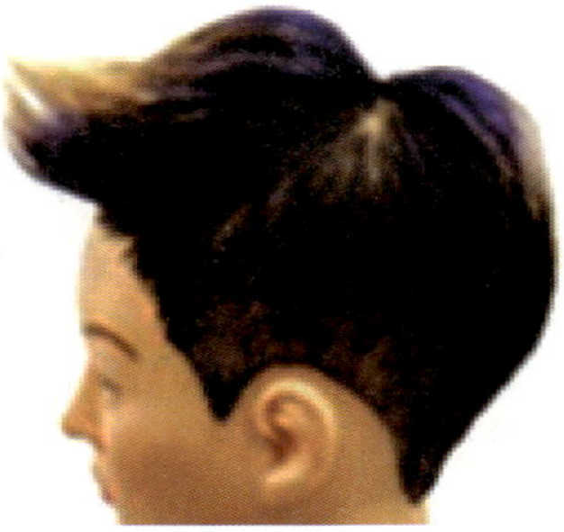	

① 전체적으로 수분량을 줄이면서 건조시킨다. 양 사이드 옆 부분이 뜨지 않도록 핸드드라이 하며 눌러준다

② 백 미디움 골덴포인트 부분을 살짝 움켜쥐듯이 잡아주고 드라이 열을 가하여 볼륨감을 주면서 자연스러운 컬을 형성시킨다.

③ 탑 부분 모발을 살짝 움켜 뿌리 부분에 드라이 열을 준다.

④ 앞머리가 위쪽으로 방향이 되도록 아래에서 위로 드라이 열을 주면서 잡아준다.

⑤ ~ ⑥ 빗과 도구를 이용하여 머리결을 정리한 뒤 스타일링 제품을 활용하여 고정시킨다.

모히칸 스타일링 연출 방법

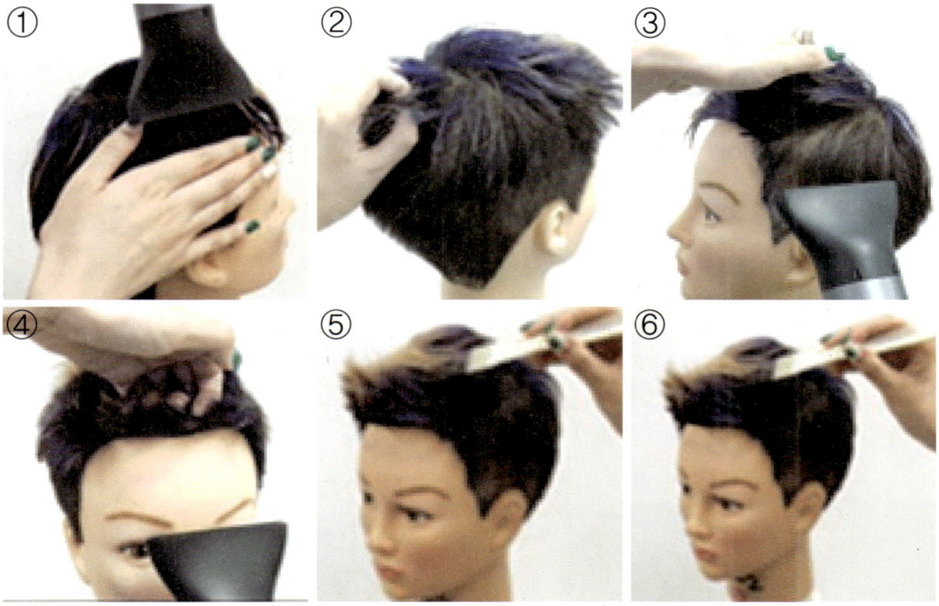

4. 휴(쉼표) 스타일

(1) 휴쉼표 커트 시술 방법

<table>
<tr><th colspan="2">쉼표휴 완성</th></tr>
<tr><th>앞</th><th>뒤</th></tr>
<tr><td></td><td>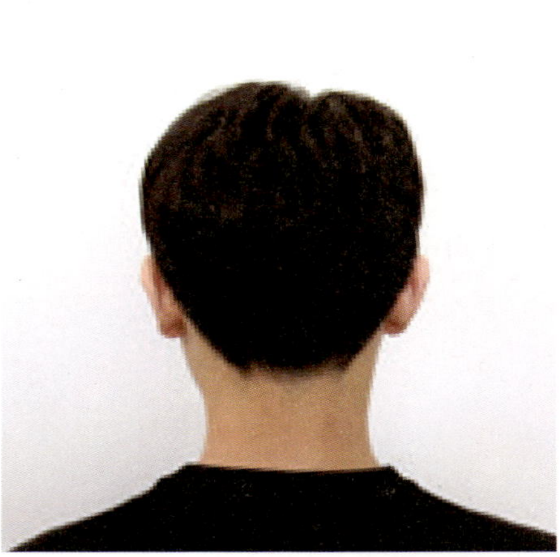</td></tr>
<tr><th>좌</th><th>우</th></tr>
<tr><td>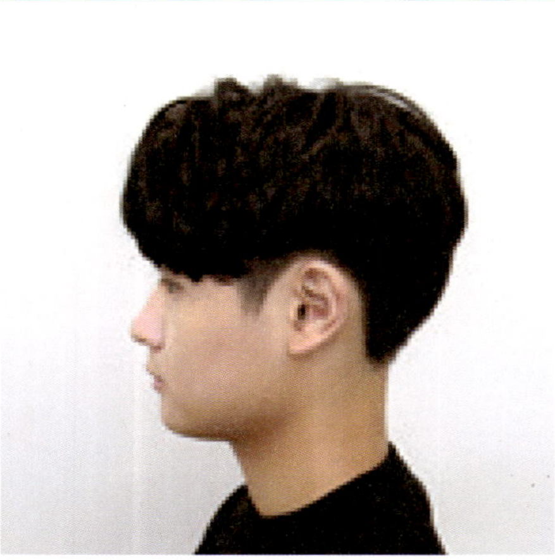</td><td>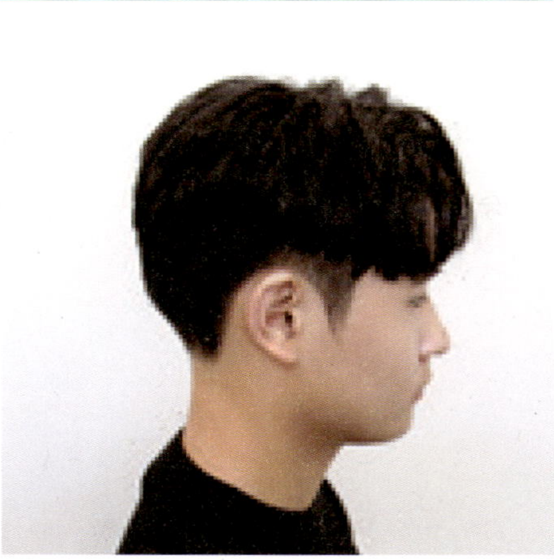</td></tr>
</table>

① ~ ② 정중선을 중심으로 F.S.P 와 G.P 를 나눈다.

③ ~ ⑦ 위에 섹션을 바탕으로 사이드부터 커트 들어간다.

⑧ ~ ⑨ 가위 커트로 사이드 라인을 들어간다.

⑩ 가위를 잡고 소지를 위로 들어준 이유는 가위의 계폐 동작 시 힘을 분산시키기 위해서 취하는 방법으로 계폐의 동작은 많은 힘을 필요로 하기 때문에 되도록 힘을 빼기 위해서라도 소지는 들어주어야 한다.

⑪ 또한 가위 동작 시 검지, 중지, 약지의 세 손가락은 가위의 손잡이를 움직이지 않게 잡아준 다음 가위의 계폐 동작을 하면 싱글링한쪽 날만 움직이는 방법을 제대로 구사할 수 있게 된다.

⑫ 뒤로 밀듯이 빗으로 잡아주면서 가위를 이용 끝선을 커트해 주며 센터라인은 그대로 뒤 쪽으로 밀어주면서 시술해 가고 리셋션 라인에서 밑선을 윗선으로 밀어 주듯시 하여 밑선의 길이를 최대한 길게 유지시켜 준다.

⑬ ~ ⑭ G.P 중심으로 하는 기준선을 중심으로 하여 직각으로 길이를 결정하면서 기준가이드를 설정하였고 그 설정 된 가이드를 중심으로 우측 라인을 방사선 섹션으로 파팅하면서 윗선을 두피각도 90°에 사이드 라인은 자연각도 90°로 만들어주면서 진행해 간다.

⑮ ~ ⑯ 사이드는 옆선에 연결하여 자연스럽게 진행하고 아우트라인의 길이 결정은 먼저 0°로 내려 커트후 다시 60°로 들어 층을 주면 된다.

⑰ 프린지앞머리의 길이를 얼굴 라인으로 모아 원하는 길이로 커트한다

⑱ ~ ⑲ 앞머리 길이 결정으로 코 중심으로 두피와 평행하게 커트하면서 적당한 층이 형성되어 앞머리에 휘어짐을 만들어 준다. 이때 C.P부분은 모아서 커트해 준다.

⑳ 질감 처리를 들어간다.

㉑ ~ ㉓ 트리머로 라인정리를 해준다.

휴 커트 시술과정

①

②

③

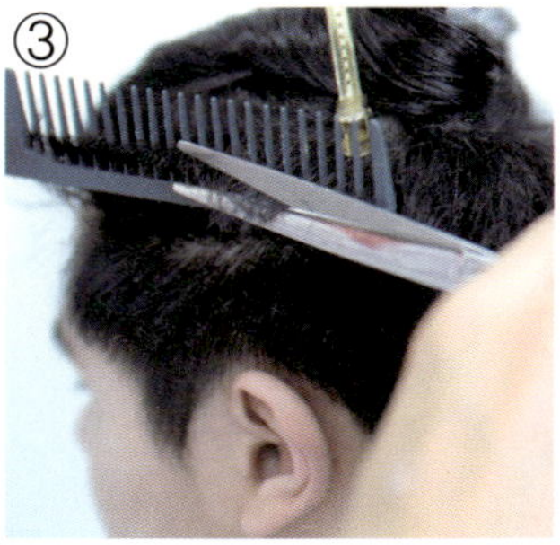

④

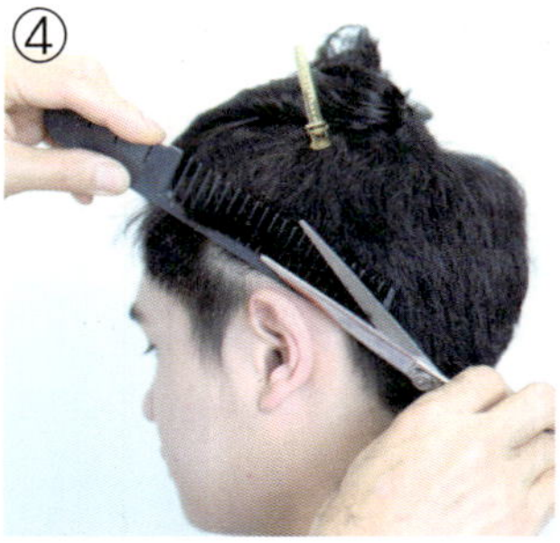

⑤

⑥

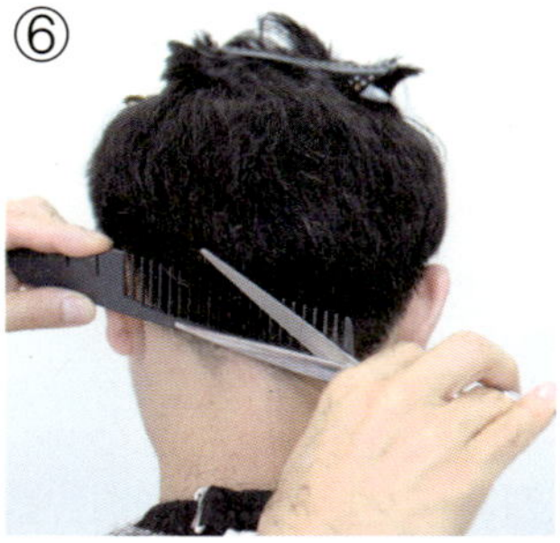

⑦

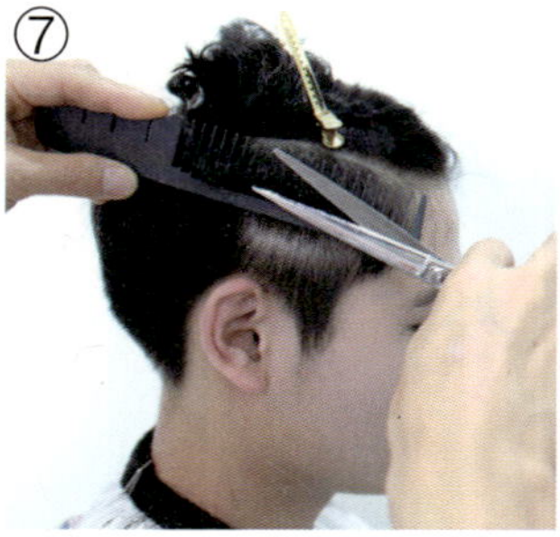

⑧

⑨

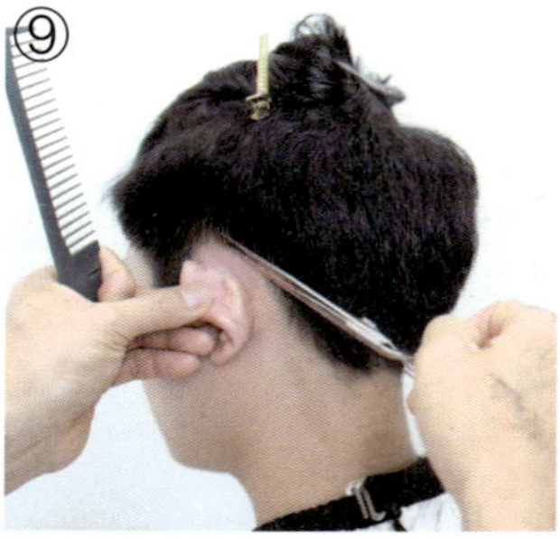

⑩

⑪

⑫

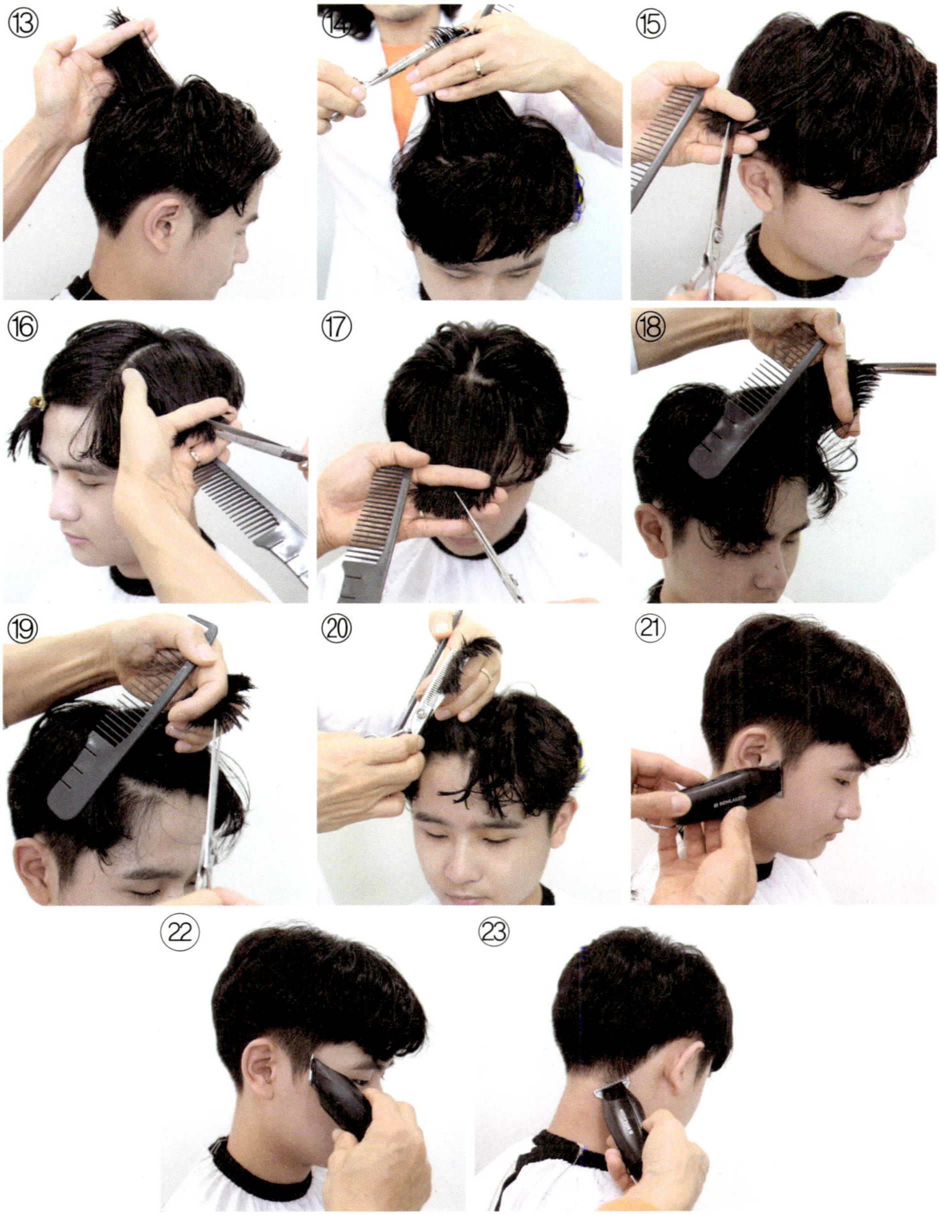
⑬
⑭
⑮
⑯
⑰
⑱
⑲
⑳
㉑
㉒
㉓

휴 커트 스타일링 시술과정

①

②

③
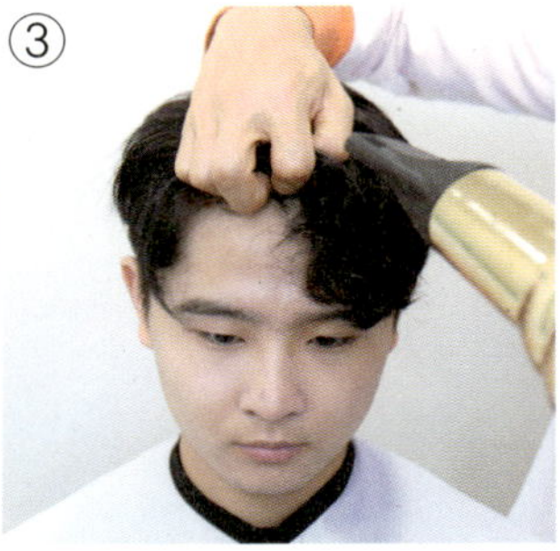

④

⑤

⑥
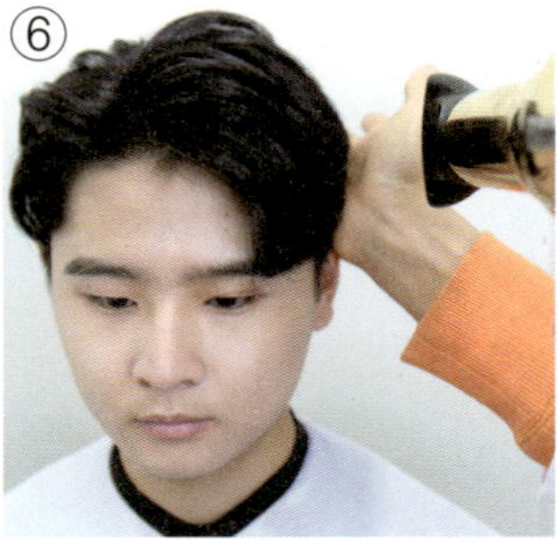

⑦
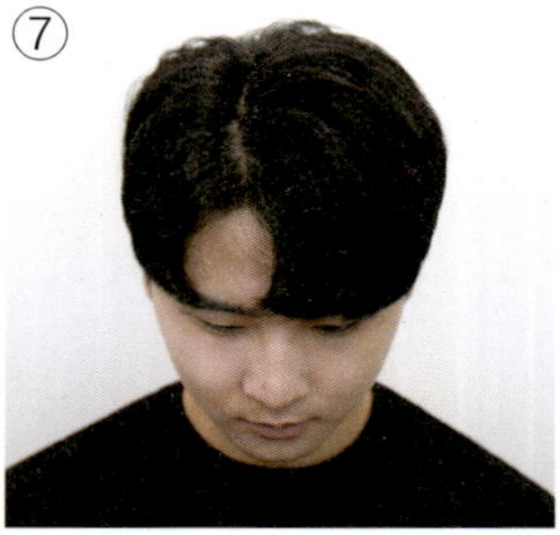

⑧

⑨
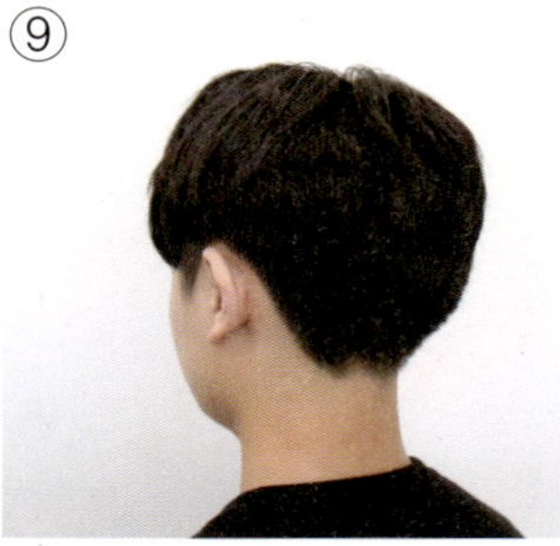

(2) 쉼표휴 헤어스타일링 연출 방법

쉼표휴 헤어스타일링 완성	
앞	뒤
	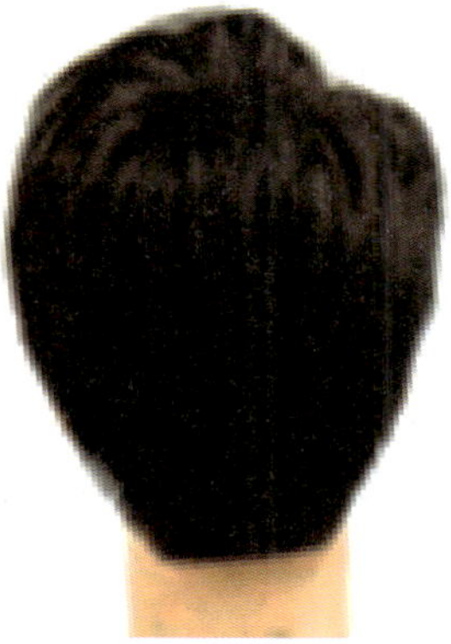
좌	우
	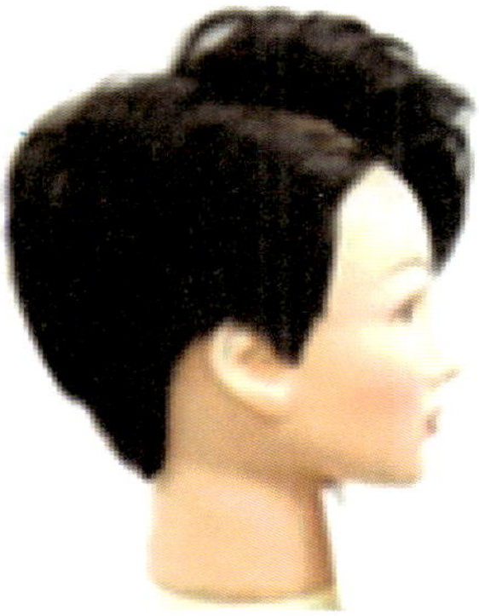

① 백, 골덴, 탑 서서히 볼륨감을 주고 모발을 연결하여 드라이 한다.

② 가르마를 나누어 방향을 설정하여 드라이 한다. 볼륨이 필요한 부위에 볼륨감을 준다.

③ 양 사이드 부분은 롤을 굴리는 방법을 이용하여 뜨지 않도록 빗살로 눌러주며 드라이 한다. 이때 뜨거운 바람이 두피에 닿지 않도록 주의한다.

④ 앞머리 쉼표 모양이 되도록 방향을 잡고 드라이 해준다.

쉼표휴 스타일링 시술과정

①

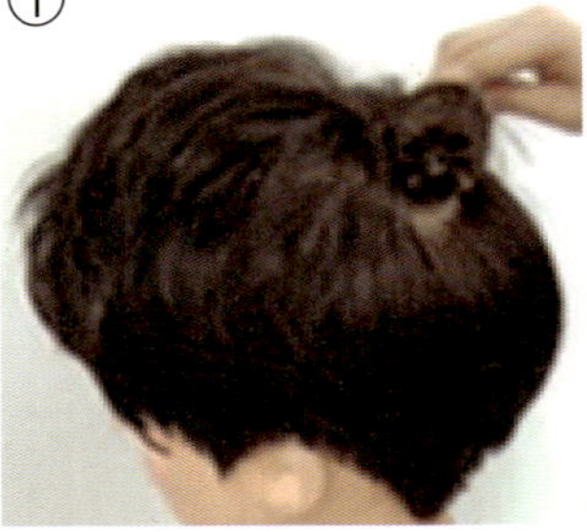

②

③

④

5. 페이드 커트와 스크러치

(1) 페이드 커트와 스크러치 시술방법

페이드 커트 시술 완성사진	
앞	뒤
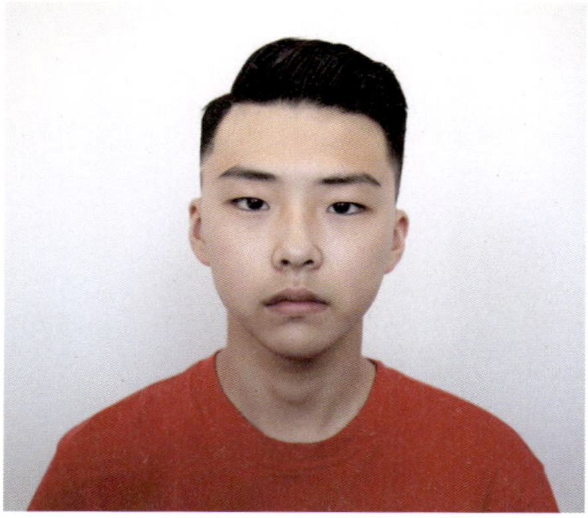	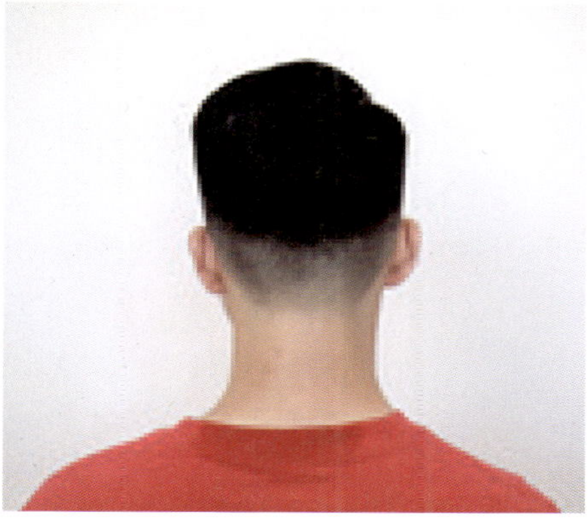
좌	우
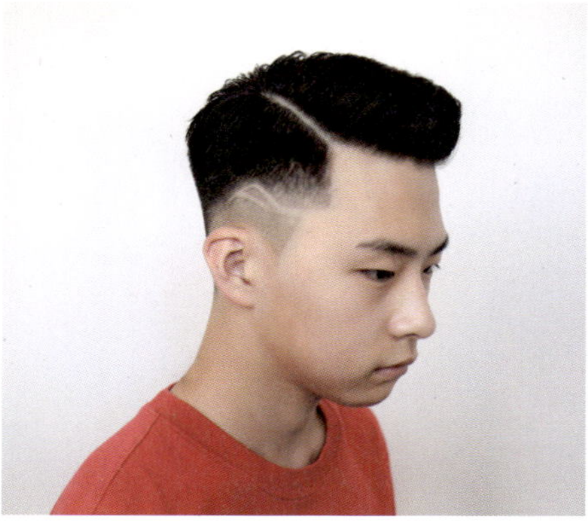	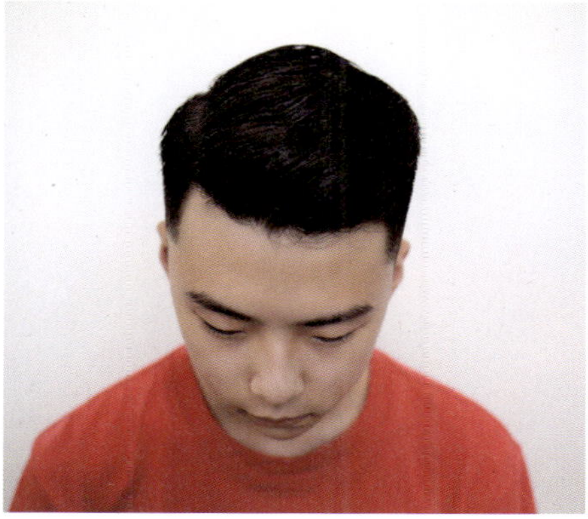

① ~ ② 가이드의 시작은 사진과 같이 S.P을 중심으로 시작하여 10mm로 사이드 라인의 리세션 부분까지 세로로 연결해 간다

③ ~ ④ 네이프라인 또한 같은방법으로 프리베이스로 이동한다.

⑤ ~ ⑦ 3mm로 그 다음에 그라데이션을 연결해 준다.

⑧ 트리머를 이용하여 원하는 곡선의 스크래치 형태를 잡아 준다.

⑨ ~ ⑪ 형태를 잡아준 후 가이드의 시작인 S.P를 중심으로 E.P , N.P 를 스크래치 형태 기준에서 연결하며 프리베이스로 1mm로 커트해 준다.

⑫ 빗을 세워 클리퍼와 함께 움직여주며 S.P , B.P를 연결해 준다.

⑬ 사이드 라인과 네이프 라인의 바리깡 작업으로 특히 E.P 부분은 중지로 귀 위를 잡아준 상태에서 클리퍼로 라인을 정리하는 동작인데 이때 중지의 역할은 귀에 상처나지 않게 보호하는 역할을 하므로 잘 기억해 둔다.

⑭ ~ ⑮ 선명한 가르마 형태를 만들어 주기 위해 트리머로 가르마에 형태를 잡아 준다.

⑯ ~ ⑲ 트리머로 S.C.P , N.S.C.P 라인도 선명하게 잡아 준다.

⑳ 최초의 가이드는 사진과 같이 T.P를 중심으로 해서 버티컬세로섹션으로 하여 작업한다.

㉑ 앞머리는 T.P의 기준선을 중심으로 하여 직각으로 길이를 결정하고 기준가이드를 중심으로 우측라인을 방사선 섹션으로 파팅하면서 윗선은 두피각도 90° 에 사이드라인은 자연각도 90°로 만들어주면서 진행한다.

㉒ ~ ㉔ 사이드는 옆선에 연결하여 자연스럽게 진행하고 아웃트라인의 길이 결정은 먼저 0°로 내려 커트 후 다시 60°로 들어 층을 주면 된다.

㉕ ~ ㉗ 스크래치 부분을 좀더 명확하게 보이기 위해 면도로 마무리 해준다.

페이드 커트와 스크러치 시술과정

①
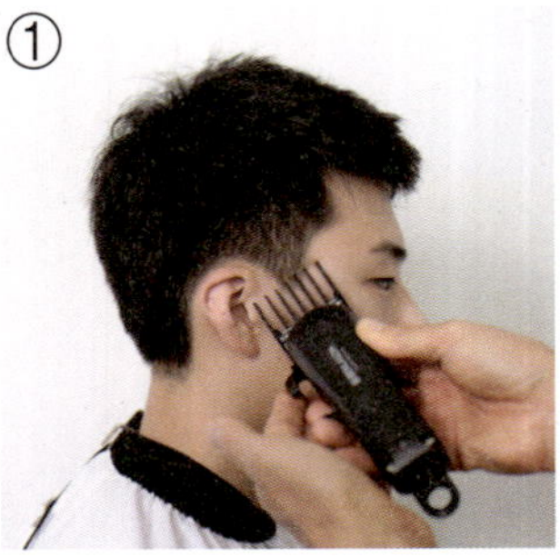

②

③
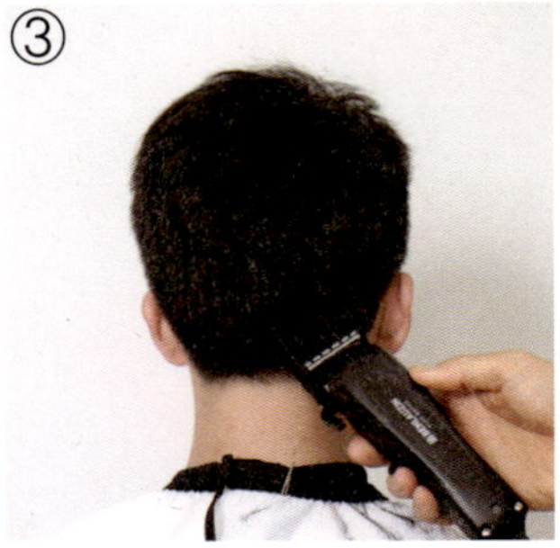

④

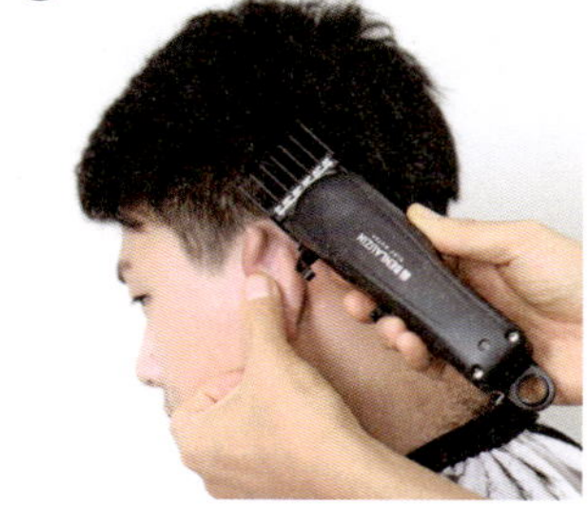

⑤

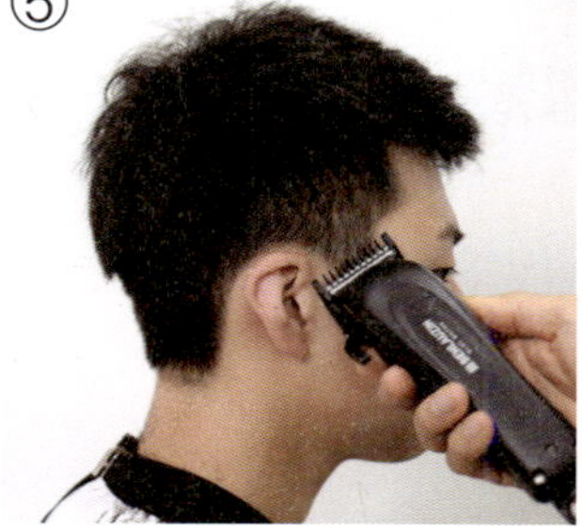

⑥

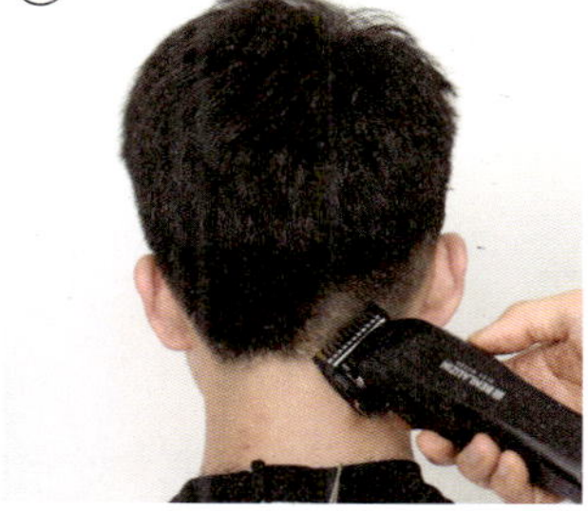

⑦

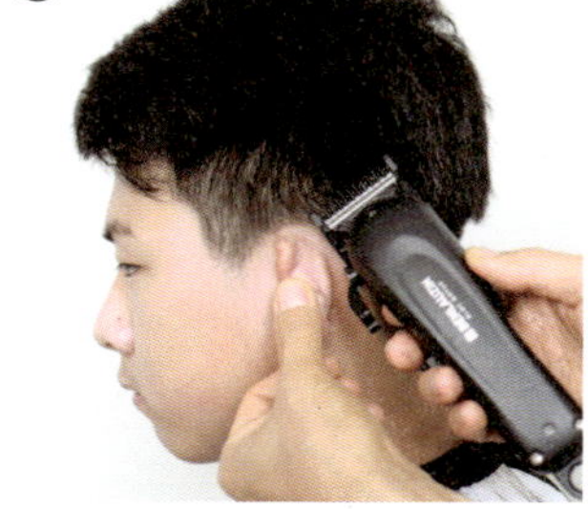

⑧

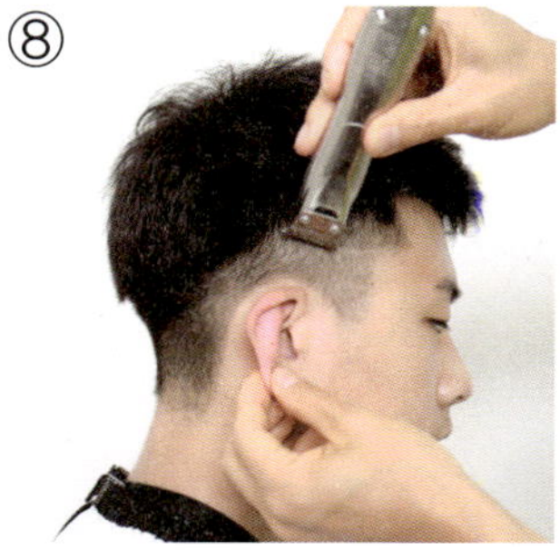

⑨

⑩

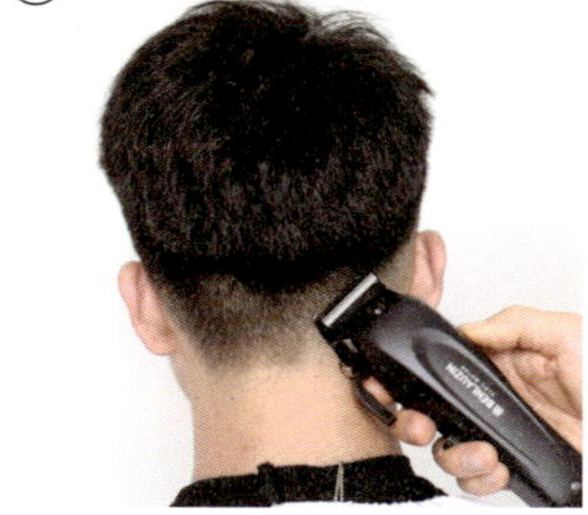

⑪

⑫

⑬

⑭

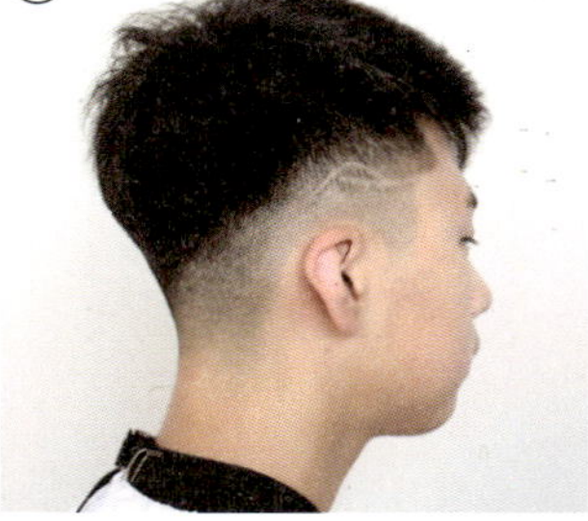

⑮

⑯

⑰

⑱
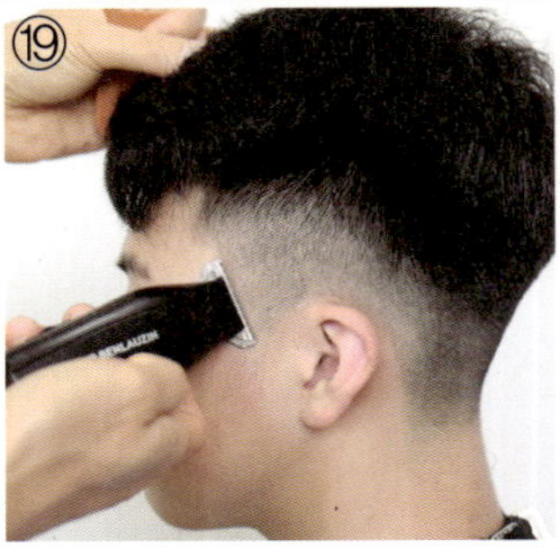
⑲
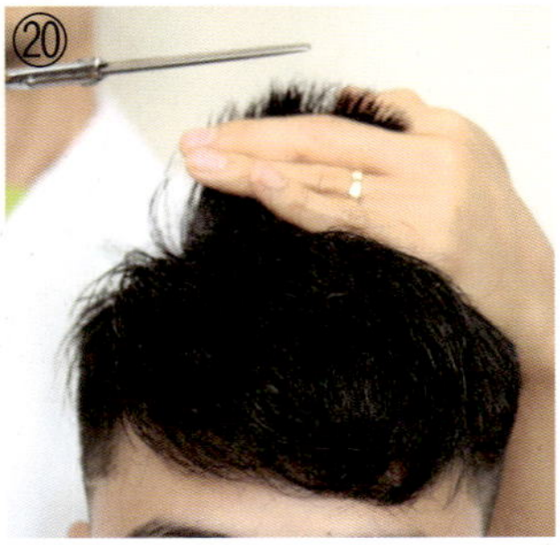
⑳

㉑
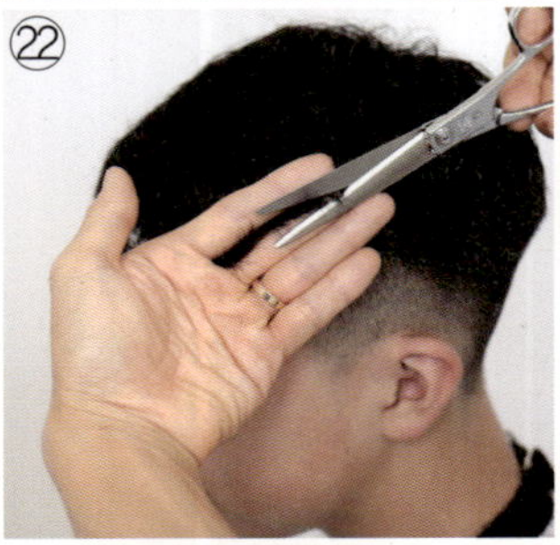
㉒
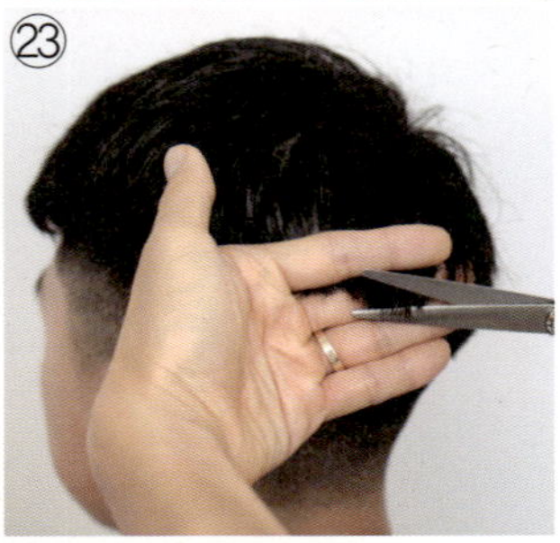
㉓

㉔
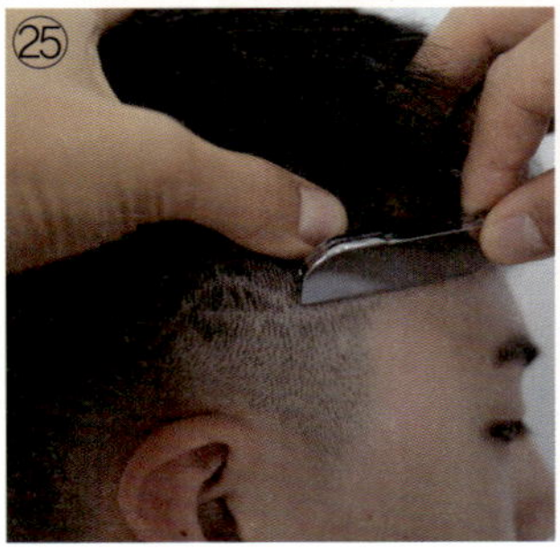
㉕
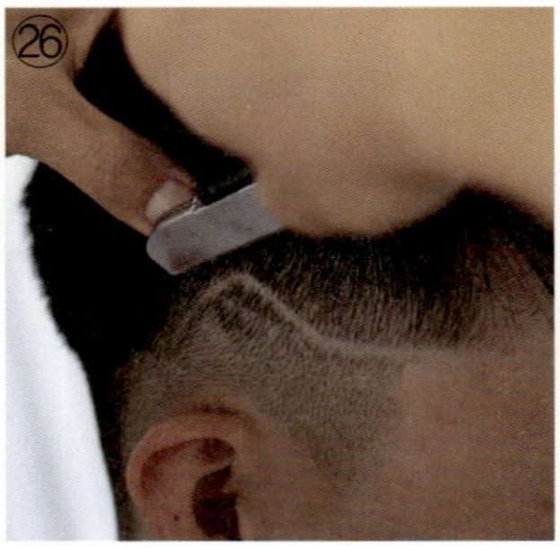
㉖
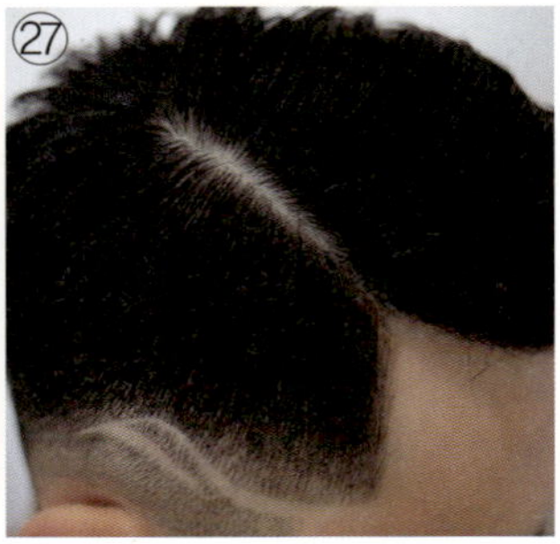
㉗

[과제 1] 댄디 커트 후 스타일을 완성해 보자	
주제	
날짜	
도해도	

시술설명	
시술과정 사진부착	

[과제 2] 투블럭 포마드 커트 후 스타일을 완성해 보자	
주제	
날짜	
도해도	

시술설명	
시술과정 사진부착	

[과제 3] 모히칸 커트 후 스타일을 완성해 보자

주제	
날짜	
도해도	

시술설명	
시술과정 사진부착	

[과제 4] 쉼표(휴) 커트 후 스타일을 완성해 보자	
주제	
날짜	
도해도	

시술설명	
시술과정 사진부착	

[과제 5] 페이드 커트 후 스타일을 완성해 보자	
주제	
날짜	
도해도	

시술설명	
시술과정 사진부착	

Memo

참고 문헌

- 채선숙 외, "미용학개론", 고문사, 2010.
- 채선숙 외, "남성 기초커트", 광문각, 2017.
- 최묘선 외, "블로우 드라이 & 아이론", 메디시언, 2018.
- 국제헤어디자인 연구회, ccc남성커트 청구출판사 2008 .
- 순시키헤어 : 클리퍼 "벤라우진(benlauzin)"

NCS 기반

남성 커트 & 스타일링

2020년 2월 10일 초판 인쇄
2020년 2월 15일 초판 발행

저 자 채선숙 · 박윤미 · 전금채 · 백순식
박명희 · 김은하 · 임우경 · 허창호

발행인 주병오 · 주민기

발행처 메디시안

주 소 경기도 파주시 회동길 209
파주출판문화도시

영업팀 (031) 955－7566 · 7577
편집디자인팀 (031) 955－7731
F A X (031) 955－7730
홈페이지 www.ji－gu.co.kr
전자우편 jigupub@hanmail.net
등록번호 2005년 2월 16일 제 406－2005－000045호

ISBN 979－11－86739－88－4 값 25,000원